皂荚良种培育与高效栽培技术

范定臣　刘艳萍　主编

黄河水利出版社
·郑州·

图书在版编目(CIP)数据

皂荚良种培育与高效栽培技术/范定臣,刘艳萍主编. —郑州:黄河水利出版社,2018.7
ISBN 978 - 7 - 5509 - 2081 - 1

Ⅰ. ①皂… Ⅱ. ①范… ②刘… Ⅲ. ①皂荚 - 良种繁育 ②皂荚 - 栽培技术 Ⅳ. ①S792.99

中国版本图书馆 CIP 数据核字(2018)第 171822 号

出 版 社:黄河水利出版社
　　　地址:河南省郑州市顺河路黄委会综合楼14层　邮政编码:450003
发行单位:黄河水利出版社
　　　发行部电话:0371 - 66026940、66020550、66028024、66022620(传真)
　　　E-mail:hhslcbs@126.com
承印单位:河南瑞之光印刷股份有限公司
开本:890 mm×1 240 mm　1/32
印张:4　　　　　　　　　　　插页:8
字数:105 千字
版次:2018 年 7 月第 1 版　　　印次:2018 年 7 月第 1 次印刷

定价:26.00 元

《皂荚良种培育与高效栽培技术》 编委会

主　编　范定臣　刘艳萍

副主编　杨伟敏　祝亚军　骆玉平

编写人员(按姓氏笔画排序)

孙晓薇　任雪玲　闫立新　李会宽

李耀学　孟海波　罗　翠　罗衍良

金　钰　赵　通　曾　辉　翟翠娟

前　言

　　皂荚是我国特有的生态经济树种,分布于我国19个省(区、市)。皂荚浑身是宝,经济效益极高。皂荚果是医药食品、保健品、化妆品及洗涤用品的重要原料;皂荚种子可消积化食开胃,其植物胶是重要的战略原料;皂荚刺内含黄酮甙、酚类、氨基酸,具有搜风、拔毒、去痛、消肿等功效,近年来随着对皂荚刺药效成分、药理作用的深入研究和开发,皂荚刺成为治疗乳腺癌、肺癌等多种癌症的配伍药。同时,皂荚根系发达、生长旺盛、适应性强、冠大荫浓、寿命长、病虫害少,不仅具有良好的水土保持、防风固沙等生态效益,也是城市绿化和美丽乡村建设的重要乡土树种,被广泛利用。皂荚用途广、价值高,种植效益显著,在生态文明建设和脱贫攻坚中发挥着重要作用。

　　皂荚在河南省有悠久的栽培历史,尤其是改革开放以来,河南嵩县九店乡和南召县留山镇的人民利用农闲时节外出收购、销售皂荚刺和荚果,使这两个地方分别成为我国皂荚刺和皂荚果的主要集散地,许多家庭因此走上了致富之路,同时带动了皂荚产业的发展。尤其是20世纪末,各地农民自发掀起了皂荚种植热潮,皂荚产业发展迅速,皂农对皂荚良种需求和栽培技术的渴望,倒逼皂荚科研的快速开展,使皂荚科研成果一经问世,即刻受到重视,并迅速得到转化应用,服务于生产。河南省林业科学研究院皂荚课题组自2006年开始皂荚良种选育及栽培技术课题研究,经过连续攻关,取得了一系列创新性成果,丰富了皂荚种质资源,实现了技术突破,带动了皂荚产业发展。选育的'硕刺'皂荚、'豫皂2号'等皂荚良种分别推广到湖北、山东、河北、山西等省,在南阳、洛阳、焦作、济源等地建立了示范推广基地,形成了扶贫产业,在全国具有广阔的推广价值和应用前景。

　　"一粒种子可以改变世界,一个树种可以形成一个产业"。皂荚,这个普通的乡土树种,一定会在生态文明建设和脱贫攻坚中起到重要作用。

　　本书的编写,旨在为皂荚良种推广应用提供技术支撑,为生态文明建设和脱贫攻坚做出贡献,更好地造福于人民。同时,由于编者知识的局限,书中难免有不足之处,敬请读者批评指正。

编　者

2018 年 7 月

目　录

第 1 章 概 述

皂荚（*Gleditsia sinensis* Lam.）属豆科（Leguminosae）皂荚属（*Gleditsia*），又名皂荚树、皂角。皂荚属在世界上约 12 种，我国原产 8 种，引种 1 种（美国皂荚，也称三刺皂荚 *G. triacanthos* Linn.），河南分布 4 种。皂荚是我国特有的乡土树种，它树体高大，雌树具有较强的结荚能力且结果期长。皂荚果是医药食品、保健品、化妆品及洗涤用品的天然原料；种子可消积化食开胃，并含有一种植物胶（瓜尔胶），是重要的战略原料；皂荚刺（皂针）内含黄酮甙、酚类、氨基酸，性温、味辛、无毒，主治痈肿、疮毒、病风、癣疮、胎衣不下，还有搜风、拔毒、消肿、排脓之功效，是良好的中成药原料，具有很高的经济价值和潜在的开发利用价值。根系发达，萌蘖能力强，有较强的适应性，可保持水土、防风固沙，具有良好的生态效益。

1.1 皂荚在我国的分布现状

皂荚在我国分布广泛，北起河北、山西，南达福建、广东、广西，西至陕西、宁夏、甘肃、四川、贵州、云南，东及山东、江苏、浙江等省（区），分布与栽培覆盖区约占国土面积的 50%，多栽培在平原丘陵地区。太行山、桐柏山、大别山、秦岭及伏牛山都有分布。垂直分布多在 1 000 m 以下，四川中部可达 1 600 m。皂荚为深根性树种，喜光不耐庇荫，耐旱节水、耐高温，喜生于土层肥沃、深厚的地方，但在年降水量 300 mm 左右的石质山地也能正常生长。在石灰岩山地及石灰质土壤上能正常生长,在轻盐碱地上,也能长成大树。在河南省的山区、丘陵、平原、滩涂等区域均能栽培。

1.2　皂荚的利用价值及其开发利用前景

1.2.1　皂荚用途广阔,市场需求大,效益显著

皂荚树浑身是宝,是一个多功能生态经济型乡土树种,广泛用于营造防风固沙林、水土保持林、城乡景观林、工业原料林、木本药材林等,为社会提供皂荚果、皂荚刺、皂荚种子等工业原材料和木本药材的同时,还在生态建设方面充分发挥着显著的生态效益。皂荚刺,又称皂荚针、天丁、皂针等,为皂荚树的棘刺,具有消肿脱毒、排脓、杀虫等功效,中医临床用于痈疽肿毒,一般表现为脓未成者可消,脓已成者可使之速溃。现代抗癌药理研究表明,皂荚刺具有抗癌抑癌功效,临床实验疗效神奇,效果十分显著,副作用小,是中医治疗乳腺癌、肺癌、大肠癌等多种癌症常用的配伍药材之一,目前在国际市场上货缺价高。皂荚果是医药食品、保健品、化妆品及洗涤用品的天然原料。皂荚荚果中含有皂荚素,成分呈中性,泡沫丰富,易生物降解,对皮肤无刺激,是一种很有潜力的强极性非离子的天然表面活性剂,可以用作洗涤丝绸及贵重金属、饮料起泡剂、各种香辛料的乳化剂,是一种在医药食品和日用化工等方面有着广泛应用前景的绿色天然物质。

皂荚种子含有一种天然食用植物胶叫皂荚豆胶,又名皂荚糖胶、皂荚子胶,可用于替代进口瓜尔胶,是重要的战略原料,可作为天然食品添加剂、高效增稠剂、黏合剂、稳定剂等应用于食品、石油、造纸、印染和选矿等多种工业中。皂荚种子含胶量很高,从中提取的植物胶,具备与瓜尔胶相似的胶体,并且胶体性质比瓜尔胶更优质。我国

对植物胶的年需求量在 4 万 t 以上,但我国年产量不足 3 000 t,远远
不能满足市场的需求,绝大部分植物胶依赖进口国外的瓜尔胶,严重
制约我国应用植物胶的各个领域。除用耗费大量粮食生产的相关物
质作为代用品外,每年还要花 4 亿元的资金从国外进口瓜尔胶。而
我国科学家从皂荚种子中分离出来的皂荚植物胶与进口的瓜尔胶具
有相似的胶体性质,并且皂荚种子含胶量高达 30% ～40%,远远高
于草本植物的含胶量。所以,在一定时期内,我国对皂荚果、皂荚种
子市场的需求还处于供不应求状态。

　　皂荚用途广,开发潜力大,效益显著。

　　(1)经济效益。

　　2008 年,皂荚刺属于货缺价扬的冷备首选品种。2009 ～2010
年,皂荚刺不能满足药用需求,上市无量,供求的矛盾日渐突出。
2010 年,随着人工费用的提高和采收难度的增大,产地新货产量降
低,市场一般统货售价 70 ～80 元/kg,好统货稳定在 90 ～100 元/kg,
优质选货高达 120 元/kg 左右。2011 年,采刺人员减少,新货产量不
大,市场大货难求。2011 年产新,尽管药市疲软药价下跌,但皂荚刺
价格仍然坚挺趋升,皂荚刺大统个售价 110 ～120 元/kg,小统个售价
70 ～80 元/kg,部分商家开始惜售货源。2012 年皂荚刺产新,价高刺
激上市量增多,行情回落,但由于资源紧缺,价格没有大幅走低。
2013 年,皂荚刺需求不断扩大,但资源有限,产量供不应求,货源持
续紧张,市场行情再次攀升,致使河南正品大皂荚刺价格突破 120
元/kg,小皂荚刺随之涨到 90 ～100 元/kg。2014 ～2015 年皂荚刺大
刺稳中有升,价格在 120 ～130 元/kg,小皂荚刺还是 90 ～100 元/kg。
‘硕刺’皂荚 6 年生每株可产刺 2 kg,种植皂荚皂荚刺每亩❶可收入 2

――――――――――

❶　1 亩 = 1/15 hm² ≈666.67 m²

万元。6～8 年生的皂荚树即能开花结果,8 年以后即进入盛果期,每株可产果 12 kg,皂荚果出种率 25% 左右,近年来,种子价格稳定在 30～40 元/kg,每亩种子可收入 0.9 万元。

(2)社会效益。

在偏远山区,脱贫致富任务依然非常艰巨。这些地区农业如何发展、农民怎么增收,已成为影响我国农村全面建成小康社会的重要因素之一。

皂荚的适应性极强,在山区大力发展皂荚产业,大面积营造适宜山区生长的皂荚林基地,是促进农村产业结构调整、增加农民收入的一项重要措施,是偏远山区农村种植结构调整及农民脱贫致富的首要选择,极大地促进这些地区的精准扶贫,产生广泛的社会效益。

(3)生态效益。

皂荚也是优良的生态树种,其重要价值在已有树种中并不多见。皂荚树发芽早、落叶迟,绿叶生长期长,能调节气候,保持生态平衡,具有防风固沙、保持水土、净化空气的特性。皂荚树通过光合作用,吸进二氧化碳,吐出氧气,使空气清洁、新鲜。一亩皂荚树林每天能吸收二氧化碳 67 kg,释放氧气 49 kg,足够 65～100 个人呼吸使用;皂荚树根系发达,树高而冠大,能防风固沙,涵养水土,还能吸收各种粉尘,一亩皂荚树一年可吸收各种粉尘约 60 t。皂荚树最突出的优点是抗污染能力强,具有吸收有害气体的作用。皂荚树枝叶繁茂,夏日炎炎时它遮天蔽日,给行人提供足够的荫凉。皂荚树的分泌物能杀死细菌,商场、车站每立方米空气中有 4×10^{6}～5×10^{6} 个细菌,空地每立方米空气中有 3×10^{4}～4×10^{4} 个细菌,皂荚树林里只有 300～400 个。所以,大面积种植皂荚,其生态效益显著。皂荚既能满足生态效益的要求,又能达到观赏的景观效果,创造出安静和优美的人居环境,是我国民间喜欢种植的树木,自古就有种植的习惯,我国各地古树名木中,古皂荚树比较常见。

1.2.2　大力发展皂荚产业,是人民群众对皂荚优质产品日益需求的需要

随着人民群众生活水平的提高,对生活的追求逐渐由温饱型向健康型转变。皂荚浑身是宝,集药用、食用、饲草、化工、用材、观赏于一体,是一种多功能生态经济型树种。皂荚在我国虽然分布很广,但长期以来,由于人为采伐利用和自生自灭过程,在我国境内现已找不到完整的皂荚天然群体,仅保留残次疏林、散生木,群体处于濒危状态。但是基于皂荚的生物学特性、优良的林学价值和作为绿色产业原料的开发利用前景,皂荚日益受到学者和林农的重视。因此,大力发展皂荚产业,为人民群众提供优良的皂荚系列产品是必要的。

1.2.3　发展皂荚产业,优化林业产业结构,促进林业三大效益有机结合

皂荚具有耐寒、抗旱、耐贫瘠、适生范围广的特点,是绿化荒山、保持水土的优良树种。由于皂荚适生范围广,经济效益好,已成为许多地区农村产业结构调整的首选。特别是在生态脆弱地区,皂荚不仅能够直接为林农带来可观的经济收入,而且具有良好的生态维护功能,还能启动很多林产品加工企业,解决返乡农民工就业问题,缓解我国部分城镇就业压力,可谓经济效益、生态效益和社会效益三大效益兼备,既能促进农村经济发展,提高农民收入,维护社会稳定,又能绿化荒山、保持水土、促进生态脆弱区的植被恢复,显著改善农村生态面貌和人居环境。我国皂荚栽培面积约 20 万 hm^2,我国适应皂

荚生长的地域十分广阔,可用于种植皂荚的土地达 1 000 万 hm² 以上,发展潜力巨大。尤其在目前我国耕地面积日趋减少的情况下,利用我国宜林荒山、荒坡,扩大皂荚种植规模,能够充分利用土地资源,促进国土绿化,有效改善中西部生态环境,实现经济效益、社会效益和生态效益有机结合。

我国皂荚资源丰富并具有以上诸多优点,开发前景十分广阔,无论是在开发利用的种类、产量、品质方面,还是在深加工方面,都存在着巨大的潜力。随着皂荚研究工作的不断深入和生物技术的引入,高新技术在皂荚新品种培育、良种快繁、优质丰产栽培和新产品开发等方面的作用必将越来越大。因此,随着经济发展和社会进步,皂荚资源的开发利用具有极大的潜力和广阔的前景。

1.3　皂荚的国内外研究现状

国外对皂荚研究已有半个多世纪之久,最近十几年开始了系统研究并取得很大的发展。国外皂荚属研究最多的是三刺皂荚($G.$ $triacanthos$ Linn.),其次为日本皂荚 ($G.$ $japonica$ Miq.),包括种群分布、种源试验、种内群体及个体的遗传结构、荚和种子遗传变异、实生与无性系繁殖技术、水热因子生理研究、育苗和造林技术、城市景观林技术、皂荚果荚和种子的生化分析利用、生物活性物质产品化、DNA 分子技术等诸多方面。研究认为,皂荚(属)有高度适应性,适应极端气候条件,生长快,结实好,具固氮性能,是高价值生态经济型树种。目前,世界上 40 多个国家的皂荚(属)已广泛地栽植并应用于绿化造林、工业原料提取、食品添加剂、日用化工、医药等各种行业。尤其是近年来,美国、加拿大、东欧国家等纷纷建立了"三刺皂荚园",如栽果树一样的培育三刺皂荚,使其栽培逐渐走向产业化、品种化。

国内对皂荚的研究开始于 20 世纪 80 年代,国内对皂荚的研究材料主要涉及该属中的日本皂荚(*G. japonica* Miq.)、野皂荚(*G. microphylla* Gordon ex Y. T. Lee)、皂荚(*G. sinensis* Lam.)、三刺皂荚(*G. triacanthos* Linn.)等,研究内容包括皂荚属植物的经济利用与药用价值,刺、荚、种子化学成分分析、皂荚刺的显微特征、种子特性研究、生物活性物质分析利用、种子育苗技术等。最近几年以来,南京野生植物研究所和中国林业科学研究院林业研究所等单位对皂荚进行了大量的研究,结果表明,皂荚作为工业原料用途广泛,其中植物胶(瓜尔胶)将成为重要的战略原料资源。黑龙江哈尔滨地区、宁夏银川市郊对中国皂荚进行引种试验,皂荚能进行生长繁殖,表现出很好的生长地的适应性。另外,郑州市在黄河游览区植物园也对绒毛皂荚进行了引种试验。中国林业科学研究院对皂荚种质资源保存、鉴定与利用进行了研究,经过十多年的刻苦攻关,于 2001 年 1 月 21 日通过了国家林业局组织的部级成果鉴定。北京开元药材种植有限公司对中国皂荚壳化学构成及皂荚素提取进行了深入细致的研究。由南京野生植物研究院等单位完成的"皂荚属种子化学成分及其提胶工艺技术的报告"课题已通过了专家鉴定。这标志着皂荚种子的开发利用已具备产业化开发条件。目前在山东、河南、云南、福建等多个省份都有大面积皂荚种植,皂荚保健食品、皂荚粉和皂荚浸膏等皂荚的深加工产品也已经逐步推向市场。2011 年以来,河南省林业科学研究院从皂荚资源调查、良种选用、苗木繁育、栽培管理等方面深入研究,取得一系列成果,选育了 4 个刺用皂荚良种和 1 个果用皂荚良种,进行皂荚繁育技术研究和高效栽培关键技术研究,总结了相关关键技术,开展皂荚树的推广、示范,带动辐射周边发展皂荚种植,已初具规模。

1.4　河南省皂荚发展现状

河南省是皂荚原产地之一,自古就有种植,在丘陵、坡地、村庄周围,常见百年以上古树,依然生机盎然,枝繁叶茂。30 多年前,农村还保存着用皂荚粉洗衣服、皂荚种子做食品、皂荚刺熬膏药的传统。20 世纪六七十年代,河南省便有多名群众结队,专业采集皂荚刺,每年可采刺 400 余 t。外出采刺队伍,从小到大,从采到贩,一直延续至今,造就了大批皂荚刺经销商,如今在嵩县形成了全国最大的皂荚刺经销集散地,有数千人依靠经销皂荚刺走上了致富路。

近年来,河南省在洛阳、三门峡、许昌、南阳等地大力发展种植皂荚。仅嵩县已种植皂荚面积 5 万亩,2013 年,皂荚刺产量达到 600 t,从外地采集皂荚刺 400 余 t,销售额达 1.1 亿元,已成为全国最重要的皂荚刺生产交易基地。

随着嵩县皂荚产业的快速发展,河南省各地掀起了栽植皂荚的高潮。仅嵩县就规划用 5 年时间,新发展皂荚 5 万亩。预计全省近五年栽植面积不低于 30 万亩。同时,对适应性强、产量高的皂荚新品种苗木和繁育新技术的需求显得更为迫切,部分苗圃开始大量培养皂荚苗木,皂荚苗木销售也迅猛发展,皂荚产业正蓬勃发展。

1.5　河南省皂荚发展中存在的问题

(1)种植户分散,缺乏统一组织。从了解的情况看,发展种植皂荚随意性大,不系统了解皂荚的利用价值、开发前景及产销情况,只看眼前效益,就匆匆发展、跟风而上,各自为战,缺乏统一的组织。

(2)观念传统,缺乏良种意识。种植发展中,没有对品种进行筛选,选用价格便宜的实生苗造林,致使皂荚刺产量低,质量参差不齐,效益低下,出现了低质低效林。

(3)良种繁育技术不成熟,良种发展受限。长期以来,皂荚以播种为主要繁殖手段,缺乏良种,没有进行良种规模化育苗,育苗方法缺乏系统研究,致使良种繁育成活率低、成本高,良种推广困难。

1.6　河南省皂荚发展的对策与措施

(1)扶持龙头企业,扩大种植规模。由地方政府出台相关政策,扶持龙头企业,以三门峡、洛阳、南阳、焦作为中心,辐射周边地区,在河南山区扩大皂荚种植面积,改接低产低效皂荚林和野皂荚为良种示范林,把皂荚产业打造成河南省中药材支柱产业之一。

(2)成立组织机构。以龙头企业公司和合作社为主体,采取"合作社 + 基地 + 农户"的运营机制,全面协调指导皂荚产业发展工作。成立皂荚种植和购销协会,建立皂荚产业发展方面的农民专业合作社,制定统一的种植标准,在品种选育、栽培管理等方面进行技术指导,为皂荚产业发展奠定基础。

(3)依托科研院所、工程技术研究中心等科研平台,积极开展皂荚良种选育和繁殖技术研究,为皂荚良种推广和规模化种植提供技术支撑,解决制约发展的瓶颈。

第 2 章　皂荚生物学特性

2.1　试验地自然概况

嵩县位于中国南北地理分界线,属于中纬度半湿润易旱气候类型区,地跨暖温带向亚热带过渡地带,年降水量为 500 ~ 800 mm,嵩县四季分明,光照充足,雨量适中,时空分布不均。年降水多集中在 7 ~ 9 月。年平均蒸发量 1 598 mm,全年降水春季占 20.5%、夏季占 50.8%、秋季占 23.9%、冬季占 4.8%。年均日照时数 2 295.8 h,占全年可照时数的 52%。全年太阳辐射总量 117.42 kJ/cm^2,光合有效辐射 57.51 kJ/cm^2,年均气温 14.7 ℃,大于等于 0 ℃活动积温 5 204.4 ℃,大于等于 5 ℃活动积温 4 964.8 ℃,大于等于 10 ℃活动积温 4 582.1 ℃,年均无霜期 208 d。嵩县山区小气候表现非常明显。本试验地位于嵩县何村乡,属于浅山丘陵区,土层深厚,pH 为 6.0 ~ 7.0,呈弱酸性反应。

博爱县位于河南省西北部,自然资源丰富,风光秀丽,气候适中。境内地势北高南低,北部系太行山余脉,山地、丘陵面积 165.77 km^2,占总面积的 34%,最高海拔 950 m;南部为冲积平原,面积 321.96 km^2,占总面积的 66%。气候属温带大陆性季风气候,四季分明,热量充裕,雨量充沛,无霜期较长。气温:历年平均气温 14.5 ℃,绝对最高气温 42.3 ℃,绝对最低气温 - 15.5 ℃,最热月平均气温 27.6 ℃,最冷月平均气温 - 0.8 ℃;降水量:历年平均降水量 679.8

mm,最大降水量 1 394 mm,最小降水量 266.6 mm,24 h 最大降水量 249.5 mm,1 h 最大降水量 34.4 mm,雨季多集中在 7、8、9 三个月,占年降水量的 60% 以上;连续降雨天数为 11 d;历年平均无霜期 220 d。

光山县位于河南省的东南部,南依大别山,北临淮河,地处鄂、豫、皖三省的连接地带,中心坐标:32°00′00″N,114°54′00″E。境内地势西南高、东北低,南部为浅山区,中部为丘岗区,沿河为平畈区。光山县地处亚热带向暖温带过渡地带,属亚热带北部季风型潮润、半潮润气候,全年四季分明,年平均日照时间 1 990 h,年平均气温 15.4 ℃,全年无霜期平均为 226 d,年平均降水量 1 027.6 mm。

2.2　材料与方法

2.2.1　试验林生长情况

在嵩县、博爱、光山三地选取 2005 年用 1 年生实生苗造林、密度 2.5 m × 1.5 m、生长正常、保存良好的林地,在林地内选取样株各 20 株,并做好标记。

2.2.2　观测内容及方法

2.2.2.1　枝

对所选择植株的一年生枝条数量、生长量、分枝角度进行实查记录。以枝条为单位,每株选取树冠东、西、南、北、中五个方位的生长健壮、无病虫害的中庸枝条,共 5 个,实测长度、粗度。每枝条选取中间部位 2 个节间,共计 10 个,实测长度。

2.2.2.2　叶

现场观察叶片的形态、颜色并记录。每株选取树冠东、西、南、北、中五个方位的生长健壮、无病虫害的中庸枝条，共5个，每枝条取上、中、下3条羽状复叶，共计15条，统计叶片数。每条羽状复叶选中部2个叶片，共计30片叶，实测叶片大小。

2.2.2.3　一年生枝上的刺

大小：以单刺为单位，每株选取树冠东、西、南、北、中五个方位的生长健壮、无病虫害的中庸枝条，共5个，将刺全部剪下，实测单刺数量。将刺混匀，随机抽取25个刺，实测粗度、长度、质量。

形态：现场目测刺的形态、颜色。

2.2.2.4　主干及多年生枝上的刺

大小：每株按上、中、下3部位，取不同方位10个复刺，实测主刺长度、粗度、质量，求其平均值。

形态：现场目测刺的形态、颜色。

2.3　结果与分析

2009年、2010年、2011年连续三年观测以上性状。

2.3.1　生物学特征

光山、嵩县、博爱生长的皂荚生物学特征，见表2-1。

2.3.2　物候期

三地点皂荚的物候期特征，见表2-2。

表 2-1　不同地点皂荚生物学特征

地点	一年生枝平均长度（cm）	一年生枝平均粗度（cm）	一回羽状复叶长度（cm）	小叶数（对）	小叶长度（cm）	小叶宽度（cm）
博爱	159	1.4	13～19	6～11	3.8～4.2	1.8～2.3
嵩县	143	1.1	7～13	5～9	1.9～2.6	1.3～1.9
光山	124	1.0	9～12	7～11	2.0～2.4	1.2～1.7

表 2-2　不同地点皂荚物候期

地点	萌芽期	展叶期	夏梢生长	秋梢生长	刺褐变期	落叶期	刺采收期
博爱	3月中旬	3月下旬	5月上旬至6月上旬	7月下旬至9月中旬	9月上旬	11月上旬至11月中旬	11月下旬至12月上旬
嵩县	3月中、下旬	4月上旬	5月上旬至6月上旬	7月下旬至9月中旬	8月末至9月上旬	11月上旬	11月中旬至12月上旬
光山	3月上、中旬	3月中、下旬	5月上旬至6月上旬	8月上旬至9月下旬	9月下旬	11月下旬	11月中旬至12月上旬

2.3.3　皂荚刺

不同地点皂荚皂荚刺特征见表 2-3。

表 2-3　不同地点皂荚皂荚刺特征

地点	一年生枝刺					多年生枝刺			
	平均数（个）	刺间距（cm）	平均长度（cm）	平均粗度（cm）	平均重（g）	主刺长度（cm）	平均长度（cm）	平均粗度（cm）	平均重（g）
博爱	32	3.8	9.61	0.69	0.57	11.5～16.4	16.32	0.71	6.03
嵩县	25	2.9	8.64	0.53	0.49	15.0～23.0	11.86	0.53	5.81
光山	21	4.6	6.15	0.45	0.45	4.7～6.3	10.26	0.46	4.33

2.4　小　结

从以上观察可以看出,光山由于地处河南省南部,气温略高,所以萌芽较早、落叶较晚,但是由于光山年降水量大,土壤板结、密实、通气性差,不利于皂荚生长,皂荚在光山生长量不大,长势也较差。博爱的气候和土壤条件非常适合皂荚生长,长势良好、生长旺盛、生长量较大。

第 3 章　皂荚种质资源遗传多样性分析

3.1　材料与方法

3.1.1　材料

材料包括 3 个种共 18 份,具体见表 3-1。其中野皂荚、山皂荚和皂荚-T 为实生苗,其余均为嫁接苗。

表 3-1　供试材料

编号	种	品种	采集地	编号	种	品种	采集地
1	野皂荚		河南修武	10	皂荚	济科	河南济源
2	山皂荚		河南新郑	11	皂荚	嵩刺 1	河南嵩县
3	皂荚	密刺	河南嵩县	12	皂荚	博科	河南博爱
4	皂荚	硕刺	河南嵩县	13	未知	皂荚-T	河南新郑
5	皂荚	豫皂 1 号	河南博爱	14	皂荚	焦科 1	河南修武
6	皂荚	太行 2	河南博爱	15	皂荚	焦科 2	河南修武
7	皂荚	豫皂 2 号	河南博爱	16	皂荚	焦科 3	河南修武
8	皂荚	怀皂王 2	河南博爱	17	皂荚	焦科 4	河南修武
9	皂荚	皂荚-H	河南新郑	18	皂荚	焦科 5	河南修武

3.1.2　皂荚基因组 DNA 的提取

采用改良 CTAB 法提取皂荚基因组 DNA,并将模板 DNA 浓度稀释至 20 ng/μL,保存于 -20 ℃备用。

3.1.3　RSAP - PCR 分析

选用 10 个 RSAP 引物(Rs1 ~ Rs10)两两组合共 45 对 RSAP 引物对供试材料进行扩增。反应体积为 10 μL,包括 DNA1.0 μL,正反引物各 0.5 μL,2 × Taq MasterMix 5.0 μL,RNase - Free water 3.0 μL。SRAP - PCR 扩增程序为:94 ℃,5 min;94 ℃,1 min,35 ℃,1 min,72 ℃,1.5 min,5 个循环;94 ℃,1 min,52 ℃,1 min,72 ℃,1.5 min,35 个循环;72 ℃,7 min。4 ℃保存。扩增产物用 1.5% 琼脂糖凝胶分离。

3.1.4　数据统计与分析

根据电泳结果进行条带的统计分析。电泳图上在相同位置上若出现 DNA 条带记为"1",无则记为"0",形成 1,0 矩阵,将此矩阵导入 POPGENE1.32 软件进行多态性百分率(PPL)、Nei's 基因多样性(H)和 Shannon's 多样性指数(I)等遗传多样性参数分析,最后通过 NTSYS - pc 2.0 软件依据 UPGMA 法进行聚类分析。同时,参照云天海等(2013)的方法构建 18 份皂荚种质材料的 DNA 指纹图谱。

3.2　结果与分析

3.2.1　RSAP 引物筛选与多态性分析

以供试的 18 份皂荚材料对 45 对 RSAP 引物进行了筛选,最终筛选出了条带清晰、多态性高的 12 对引物,所用引物序列及多态性统计结果见表 3-2。12 对引物共扩增出 167 个条带,多态性条带 154 个,多态性比率为 92.22%,说明皂荚具有较高的 RSAP 多态性。在被统计的 12 对引物中,引物组合 Rs7 - Rs10 扩增的位点数最多,为 24 个,引物组合 Rs1 - Rs6、Rs1 - Rs7、Rs5 - Rs10 和 Rs7 - Rs9 扩增的位点数最少,为 10 个,平均每对引物扩增的位点数为 13.92 个。引物组合 Rs6 - Rs10 的扩增结果见图 3-1。通过 POPGENE1.32 软件分析得到的皂荚遗传多样性参数表明(见表 3-2),各引物 Nei's 基因多样性指数(H)的变化范围为 0.148 6 ~ 0.302 8,平均值为 0.229 8,H 值最高的为引物组合 Rs2 - Rs9(0.302 8),H 值最低的引物为组合 Rs1 - Rs8(0.148 6);各引物 Shannon's 信息指数(I)的变化范围为 0.256 7 ~ 0.461 7,平均值为 0.371 6,I 值最高的为引物组合 Rs2 - Rs9(0.461 7),I 值最低的引物组合为 Rs1 - Rs8 (0.256 7)。

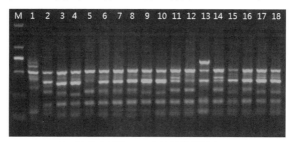

M—标准分子量;1 ~ 18 材料编号同表 3-1

图 3-1　引物组合 Rs6 - Rs10 的扩增结果

3.2.2　遗传相似性和聚类分析

利用 NTSYS - pc 软件计算皂荚种质材料间的遗传相似系数(GS),结果表明,18 份皂荚种质材料间的 GS 在 0.431 1 ~ 0.988 0,

表 3-2　RSAP 引物及多态性分析

引物组合	引物序列(5'→3')	T	N	PPL (%)	H	I
Rs1 – Rs4	TGCCAGCCACGAATTCAGC/GGCCAGCCGCTTTAAAATC	16	16	100.00	0.214 5	0.361 9
Rs1 – Rs6	TGCCAGCCACGAATTCAGC/TGCCAGCCACAGATCTATG	10	8	80.00	0.184 5	0.305 2
Rs1 – Rs7	TGCCAGCCACGAATTCAGC/TGCCAGCCAACTGCAGATT	10	9	90.00	0.229 6	0.372 4
Rs1 – Rs8	TGCCAGCCACGAATTCAGC/TGCCAGCCACTCTAGAATG	12	9	75.00	0.148 6	0.256 7
Rs2 – Rs9	TGCCAGCCACAAGCTTAGC/TGCCAgCCACATGCATATG	16	15	93.75	0.302 8	0.461 7
Rs4 – Rs7	GGCCAGCCGCTTTAAAATC/TGCCAGCCAACTGCAGATT	14	14	100.00	0.286 6	0.447 8
R4 – R8	GGCCAGCCGCTTTAAAATC/TGCCAGCCACTCTAGAATG	14	14	100.00	0.276 9	0.430 5
Rs5 – Rs10	TGCCAGCCACGATATCATG/GTTGCCAGCCACTCGAATT	10	7	70.00	0.200 6	0.313 8
Rs6 – Rs10	TGCCAGCCACAGATCTATG/GTTGCCAGCCACTCGAATT	13	12	92.31	0.237 9	0.380 8
Rs7 – Rs9	TGCCAGCCAACTGCAGATT/TGCCAgCCACATGCATATG	10	8	80.00	0.191 3	0.312 1
Rs7 – Rs10	TGCCAGCCAACTGCAGATT/GTTGCCAGCCACTCGAATT	24	24	100.00	0.202 9	0.345 7
Rs8 – Rs9	TGCCAGCCACTCTAGAATG/TGCCAgCCACATGCATATG	18	18	100.00	0.244 8	0.401 1
总计		167	154			
平均		13.92	12.83	92.22	0.229 8	0.371 6

注:T 为位点总数;N 为多态性位点数;PPL 为多态性位点百分率;H 为 Nei's 基因多样性;I 为 Shannon 信息指数。

平均值为 0.756 6,变幅为 0.556 9,说明供试材料间存在较大的遗传差异。其中焦科 4 和焦科 5 的 GS 最大(0.988 0),亲缘关系最近,豫皂 1 号和皂荚 – T 的 GS 最小(0.431 1),亲缘关系最远。

利用 NTSYS – pc 软件对 18 份皂荚种质材料进行聚类分析。结果表明(见图 3-2),在 GS 为 0.62 处可将 18 份皂荚种质材料分为 3 组。第 1 组为野皂荚;第 2 组为山皂荚和皂荚 – T;第三组共有 15 份皂荚材料:密刺、豫皂 2 号、怀皂王 2、博科、皂荚 – H、硕刺、焦科 1、焦科 3、豫皂 1 号、太行 2、济科、嵩刺 1、焦科 2、焦科 4 和焦科 5。该聚类结果与皂荚的传统分类基本一致。

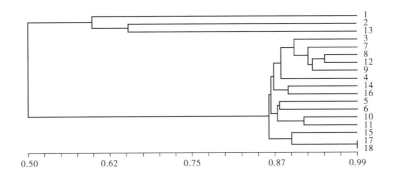

1～18 材料编号同表 3-1

图 3-2　18 份皂荚种质资源的聚类图

3.2.3　DNA 指纹图谱的构建

通过筛选的 12 对引物对 18 份皂荚种质材料的扩增结果分析，选取其中 Rs2 – Rs9、Rs4 – Rs7、Rs4 – Rs8、Rs5 – Rs10、Rs6 – Rs10 和 Rs7 – Rs9 等 6 对引物扩增的 9 个多态性位点构建了 18 份皂荚种质的 DNA 指纹图谱(见图 3-3)。每份材料都有唯一的指纹图谱，可以将 18 份皂荚种质材料区分并准确鉴定。

片段大小	1	2	3	4	5	6	7	8	9	10	11	12	13	14	15	16	17	18
(Rs2–Rs9)–500																		
(Rs2–Rs9)–215																		
(Rs2–Rs9)–173																		
(Rs4–Rs7)–1000																		
(Rs4–Rs8)–472																		
(Rs5–Rs10)–685																		
(Rs5–Rs10)–340																		
(Rs6–Rs10)–625																		
(Rs7–Rs9)–422																		

1～18 材料编号同表 3-1

图 3-3　18 份皂荚种质资源的 DNA 指纹图谱

3.3 小 结

3.3.1 皂荚种质资源的遗传多样性分析

与形态学标记相比,分子标记能直接反映基因组 DNA 的遗传变异信息,有助于了解种质资源之间的遗传差异,对于种质资源的合理利用具有重要意义。在本研究中,利用 RSAP 标记就 DNA 扩增的总位点数、多态性位点数、多态性百分率(PPL)、Nei's 基因多样性(H)、Shannon 信息指数(I)等多项指标进行了分析。结果表明,12 对引物共扩增出 167 条带,其中多态性条带 154 条,PPL 值高达 92.22%,Nei's 基因多样性(H)、Shannon 信息指数(I)分别为 0.229 8 和 0.371 6,说明 18 份皂荚种质资源具有较高的 RSAP 多态性,遗传变异也较为丰富。上述研究结果可以为皂荚优良品种的选育和皂荚种质资源的鉴定提供理论指导。

3.3.2 皂荚种质资源的聚类分析

本研究涉及野皂荚、山皂荚和皂荚 3 个种共 18 份材料。聚类结果表明,在 GS 为 0.62 处可将 18 份皂荚种质材料分为 3 组。其中,野皂荚单独为一组,山皂荚和皂荚 – T 聚为一组,其余 15 份皂荚嫁接苗品种聚为一组。从整体结果来看,该聚类结果与皂荚的传统分类基本吻合。在上述第 3 组的 15 份皂荚种质材料中,焦科 4 和焦科 5 是以皂荚荚果为目的选育的品种,其余均以皂刺为目的选育。焦科 4 和焦科 5 的接穗均为荚果较大的不同皂荚品种,聚类结果显示,两者在所有供试材料中亲缘关系最近,与预期相符。济科是以嵩刺 1 为接穗、山皂荚为砧木的嫁接品种,两者首先聚在一起,具有很近的亲缘关系,也与实际情况相吻合。另外,皂荚－T是从土耳其引进种子的三年生播种苗,起初曾被作为皂荚品种,但其三年生播种苗无论从叶的形态、皮孔大小和形状以及嫩枝的颜色都与山皂荚极为相似,因此认为该种子在引进时可能鉴定有误。本研究结果显示山皂荚和皂荚－T聚为一组,两者具有很近的亲缘关系。因此,应将皂荚－T归为山皂荚而非皂荚品种,同时还要结合其他标记技术及其以后的生长过程中所表现出的其他形态学特征进行进一步的验证。

3.3.3　皂荚品种鉴定与DNA指纹图谱构建

分子标记以其高效、快捷、准确度高、信息量大、适合数字化等优点,已经成为植物种质鉴定的有效方法。乔利仙等(2007)利用RSAP标记技术从扩增408条多态性中选取其中10条稳定且重复性好的条带构建了15个紫菜系的DNA指纹图谱,并将此图谱实现了计算机化,可以验证这些紫菜系的身份。刘泽发等(2011)利用SRAP和RSAP两种标记方法,对印度南瓜品种杂交种子进行了纯度鉴定试验,选用引物E1M5和R1R7能够较好地鉴定红栗二号、红栗、锦栗二号和锦栗南瓜,并将引物R1R7检测的锦栗杂交种子纯度与田间检测结果进行了对比,其吻合率达到90%。本研究利用RSAP技术,选用6对引物扩增的9个多态性位点构建了18份皂荚种质材料的DNA指纹图谱,为皂荚种质资源间的鉴别提供了重要的科学依据。

第4章 皂荚良种选育研究

在河南省和周边河北、山东、安徽、湖北、陕西、山西等省份开展皂荚资源的调查,尤其是对皂荚大树和古树开展了重点调查,以长刺(果)多且单刺(果)大、种子饱满、抗性强为标准选择皂荚优良单株,并在河南新郑、博爱、嵩县、光山、陕州等地营造皂荚无性系对比试验林,研究皂荚的初始结刺(果)时期、单刺(果)长度、单刺粗度、单刺(果)质量、单株产量等指标,最终选育出刺用型、果用型皂荚良种。

4.1 皂荚优良单株的选择

4.1.1 皂荚优良单株选择标准

(1)树龄为栽植8年以上。

(2)结刺标准。

Ⅰ级:单刺长,在主干和分枝上生长稀疏,整株结刺量适中。

Ⅱ级:单刺长且在主干上簇生,分枝上相对生长稀疏,整株结刺量中等。

Ⅲ级:单刺粗壮但较短,在主干和分枝上生长稀疏,整株结刺量较大。

Ⅳ级:单刺粗壮且长,在主干上簇生,整株结刺量大。

(3)结果标准:荚果大、种子千粒重较重、果产量高、品质好、性状稳定。

(4)生长量:树高比 5 株优势木大 10%,胸径大 10%。

(5)形质指标:枝下高、干形等。

4.1.2　皂荚优良单株选择方法

在皂荚刺(果)接近采收时开始,按 4.1.1 标准进行皂荚优良单株和优势木的选择。

4.2　选育过程和选育程序

4.2.1　良种选育简介

为推动太行山、伏牛山及黄土丘陵区等立地条件差的荒山荒地农民致富;同时,在平原区 53.7 万 hm² 沙化土地,特别是 2.8 万 hm² 宜林沙荒地,推广栽植皂荚良种,将取得很好的经济效益和生态效益,对荒山、丘陵、沙地治理,改善这些区域生态环境,巩固退耕还林成果,帮助农民脱贫致富将起到积极作用。河南省林业科学研究院根据育种目标,确定育种程序和策略,初选优树,在全省和周边河北、山东、安徽、湖北、陕西、山西等省份开展皂荚资源的调查,尤其是对皂荚大树和古树开展了重点调查,根据研究目的,分别从刺用型、果用型、果刺兼用型以及绿化型四种类型选取优良母株 90 棵,在嵩县初选优树 32 株,在博爱初选优树 58 株,并采集种子和枝条,建立了河南省皂荚种质资源圃,保存种源 80 余份,良种 8 个,面积 20 余亩,2 500 余株。在此基础上,经过对比、测定、区域试验等,选育出优良品种。结合皂荚人工快繁及高产栽培技术组装配套,将良种在博爱、新郑、淅川、方城、汝阳等地推广应用。

从 2004 年开始,嵩县林业局从皂荚结果大树上采集成熟种子,

2005 年 3 月进行播种育苗,2006 年 3 月定植于嵩县何村乡罗庄村。2011 年河南省林业科学研究院承担了河南省林业厅科技兴林项目——皂荚良种选育,组织嵩县林业局、陕州林业局和光山林业局成立项目协作组,开展该项目研究工作。项目由河南省林业科学研究院主持,项目各协作单位 10 余名高、中、初级技术人员参与研究,在嵩县、光山、陕州、博爱等全省有皂荚集中分布的地区开展皂荚良种选育工作,经过多年的观察,筛选出丰产、密刺、刺大、品质好的 2 个优良品种——'密刺'皂荚、'硕刺'皂荚,于 2012 年通过河南省林木品种审定委员会认定;在博爱发现了 2 株皂荚刺用优树,经过扩繁、试验示范种植,具有特异性、一致性和稳定性好,于 2016 年 12 月通过河南省林木品种审定委员会审定,命名为'豫皂 1 号'和'豫皂 2 号',并且'豫皂 1 号'被国家林业局授予植物新品种权;同时,在南召发现 1 株皂荚果用优树,经过扩繁、试验示范种植,具有特异性、一致性和稳定性好,于 2017 年 12 月通过河南省林木品种审定委员会审定,命名为'豫林 1 号'。

4.2.2　育种策略和程序

育种流程见图 4-1。

4.3　'密刺'皂荚的特性及选育过程

4.3.1　生物学特性

'密刺'皂荚树体生长旺盛,一年生枝发枝量 38~70 枝,分枝角度 60°~70°,节间较短,树冠圆柱形,一回羽状复叶,小叶 7~9 对,叶片卵圆形、较小、深绿色革质,主干直、灰褐色,6 年生基径 8.3~11.6 cm,刺长而密、圆锥状、红棕色,多年生枝上刺长 20~30 cm,一年生

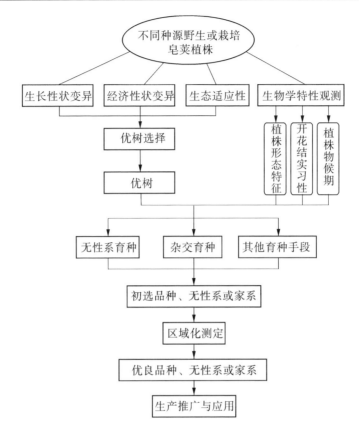

图 4-1　育种流程

枝上平均刺长 12.6 cm,平均粗 0.57 cm,抗性较强。在嵩县何村乡罗庄村展叶期为 4 月 15～17 日,比普通皂荚植株早 5～6 d;刺褐变期为 9 月上旬;落叶期为 11 月 5～15 日,比普通皂荚植株落叶晚 10 d 左右。

　　3 年生单株年产刺 0.9 kg,4 年生单株产刺 1.3 kg,5 年生单株产刺 1.5 kg,6 年生单株产刺 1.8～2.0 kg,比当地普通品种增产 60% 以上。

4.3.2　生态学特性

'密刺'皂荚在河南省从北到南均可栽植,在山坡路旁、沟谷或向阳的低山及平原农村"四旁"均可生长。性喜光而稍耐阴,喜温暖湿润气候及深厚肥沃适当湿润土壤,但对土壤要求不严,在石灰质及盐碱甚至黏土或砂土均能正常生长,是低山水土保持、退耕还林的优良树种。

4.3.3　分布(引种)区域生长表现情况

'密刺'皂荚在河南省南北的低山、丘陵及平原地区均可栽植,在陕州甘山林场、光山大别山区以及黄淮平原"四旁"区域试验,生长旺盛,枝叶繁茂。在嵩县大面积种植,树势旺盛,刺中等大小而密集,产量高,经济效益显著。同时,'密刺'皂荚耐贫瘠、耐干旱,对土壤要求不严,在河南省低山、丘陵地区生长根深叶茂,是河南省很好的水土保持、荒山绿化、退耕还林的乡土树种。

4.3.4　繁殖栽培要点

4.3.4.1　嫁接育苗

'密刺'皂荚嫁接主要是插皮接,嫁接可分别在春夏季进行,砧木可选择长势好、树干通直、光滑、无损伤、无病虫害、直径 1.5~2.0 cm 的野生皂荚作砧木。接穗要选择当年生、粗度 0.3~0.5 cm、长度 7~10 cm 的皂荚枝条。枝接的苗木,萌芽后应及时抹芽,皂荚枝条质脆易折,要用棍棒深埋 20 cm 左右绑缚在砧木上,芽接的苗木在嫁接后 10 d 左右时检查,凡接芽新鲜、叶柄一触即落即成活,及时抹除砧木萌芽。

4.3.4.2　栽培技术要点

1. 造林

'密刺'皂荚生长较慢,应选择土壤肥沃湿润的地方造林。皂荚苗要选择 1～2 a 生健壮苗。株距 2～3 m,行距 3～5 m;栽植穴的大小,视苗木大小和培育目的而定,一般采用 0.7～1 m 的大穴较好,栽后及时灌水,确保成活。

2. 浇水施肥

造林成活 2～3 a 后,每年冬季追土杂肥,春季解冻后施尿素,每株施土杂肥量:初结刺的小树为 2.5～5 kg,大树 10～30 kg,并加追尿素 1～2 kg 与土杂肥拌匀,在树周围开沟施入,天旱时,施肥后应浇水。

3. 修剪整形

从第 2 年起每年要进行整形修剪,树形以主干型为好,修去裙枝、下垂枝、重叠枝、竞争枝,以及枝状刺,对开张角度大于 40°的顶端枝条给予拉、瓤、别,使其直立生长。回缩过长的主枝延长枝,使整个园内形成通风透光条件良好、整齐合理的一道道树篱。枝状刺是中药材,剪除时予以回收。

4. 病虫害防治

危害'密刺'皂荚的虫害主要有草履介壳虫、红蜘蛛及桑天牛。草履介壳虫多在春季发生,可用 50% 马拉松乳剂 100 倍液喷施,效果可达 97.4%;红蜘蛛多在开花季节天旱时发生,可用 3°～5°石硫合剂在休眠期喷施,效果很好;桑天牛多发生在 5～8 月,幼虫蛀之树干内危害,成虫啃食枝梢、树皮,其多发生在树干的背阴面,被害处常有褐色的粪便,植株逐渐衰弱,以致枯死。防治方法有:①用 80% DDVP 乳油浸棉球塞入蛀孔,再用泥封孔,以毒杀幼虫;②人工扑杀成虫,在成虫发生期(7～8 月),每天傍晚巡视,扑杀初羽化的成虫。

4.4 '硕刺'皂荚的特性及选育过程

4.4.1 生物学特性

　　'硕刺'皂荚树体生长旺盛,一年生枝发枝量 29～56 枝,平均枝长 170 cm 以上,分枝角度 70°～90°,树冠圆形,一回羽状复叶,小叶 5～9 对,叶片椭圆、较大、浅绿色、革质程度低,主干直、黄褐色,6 年生基径 9～12 cm,刺长而密、圆柱状、浅(黄)棕色,多年生枝上刺长 25～33 cm,一年生枝上平均刺长 13.3 cm,平均粗 0.72 cm,抗性较强。在嵩县何村乡罗庄村展叶期为 4 月 12～15 日,比普通皂荚植株早 10 d 左右,刺褐变期为 9 月末至 10 月上旬。落叶期为 11 月 1～10 日,比普通皂荚植株落叶晚 5～7 d。

　　3 年生单株年产刺 1.0 kg,4 年生单株产刺 1.5 kg,5 年生单株产刺 1.8 kg。6 年生单株产刺 2.0～2.2 kg,比当地普通品种增产 75% 以上。

4.4.2 生态学特性

　　'硕刺'皂荚在河南省从北到南均可栽培,在山坡路旁、沟谷或向阳的低山及平原农村"四旁"均能生长。性喜光而稍耐阴,喜温暖湿润气候及深厚肥沃适当湿润土壤,但对土壤要求不严,在石灰质及盐碱甚至黏土或砂土均能正常生长,是低山水土保持、退耕还林的优良树种。

4.4.3 分布(引种)区域生长表现情况

　　'硕刺'皂荚在河南省南北的低山、丘陵及平原地区均能栽培,在陕州甘山林场、光山大别山区以及黄淮平原"四旁"区域试验,生长旺盛,枝叶繁茂。在嵩县多个乡镇大面积种植,树势旺盛,刺大,产量高,经济效益显著。同时,'硕刺'皂荚耐贫瘠、耐干旱,对土壤要求不严,在河南省低山、丘陵地区生长根深叶茂,是很好的水土保持、荒山绿化、退耕还林的乡土树种。

4.4.4 繁殖栽培要点

4.4.4.1 嫁接育苗

'硕刺'皂荚嫁接主要是劈接法和"T"字形芽接法,嫁接可分别在春夏季进行,砧木可选择长势好、树干通直、光滑、无损伤、无病虫害、直径 1.5 ~ 2.0 cm 的野生皂荚作砧木。接穗要选择当年生、粗度 0.3 ~ 0.5 cm、长度 7 ~ 10 cm 的皂荚枝条。枝接的苗木,萌芽后及时抹芽,皂荚枝条质脆易折,要用棍棒深埋 20 cm 左右绑缚在砧木上,芽接的苗木在接后 10 d 左右时检查,凡接芽新鲜、叶柄一触即落即成活,及时抹除砧木萌芽。

4.4.4.2 栽培技术要点

1. 造林

'硕刺'皂荚生长较慢,应选择土壤肥沃湿润的地方造林。皂荚苗要选择 1 ~ 2 a 生健壮苗。株距 2 ~ 3 m,行距 3 ~ 5 m;栽植穴的大小,视苗木大小和培育目的而定,一般采用 0.7 ~ 1 m 的大穴较好,栽后及时灌水,确保成活。

2. 浇水施肥

造林成活 2 ~ 3 年后,每年冬季追土杂肥,春季解冻后施尿素,每株施土杂肥量:初结刺的小树为 2.5 ~ 5 kg,大树 10 ~ 30 kg,并加追尿素 1 ~ 2 kg 与土杂肥拌匀,在树周围开沟施入,天旱时,施肥后应浇水。

3. 修剪整形

从第 2 年起每年要进行整形修剪,树形以主干型为好,修去裙枝、下垂枝、重叠枝、竞争枝,以及枝状刺,对开张角度大于 40°的顶端枝条给予拉、辫、别,使其直立生长。回缩过长的主枝延长枝,使整个园内形成通风透光条件良好、整齐合理的一道道树篱。枝状刺是中药材,剪除时予以回收。

4. 病虫害防治

危害'硕刺'皂荚的虫害主要有草履介壳虫、红蜘蛛及桑天牛。草履介壳虫多在春季发生,可用 50% 马拉松乳剂 100 倍液喷施,效果可达 97.4%;红蜘蛛多在开花季节天旱时发生,可用 3°~5° 石硫合剂在休眠期喷施,效果很好;桑天牛多发生在 5~8 月间,幼虫蛀食树干内部危害,成虫啃食枝梢、树皮,其多发生在树干的背阴面,被害处常有褐色的粪便,植株逐渐衰弱,以致枯死。防治方法有:①用 80% DDVP 乳油浸棉球塞入蛀孔,再用泥封孔,以毒杀幼虫;②人工扑杀成虫,在成虫发生期(7~8 月),每天傍晚巡视,扑杀初羽化的成虫。

4.5 '豫皂 1 号'皂荚特性及选育过程

4.5.1 选育过程

4.5.1.1 选育目的和依据

皂荚刺全年均可采收,以 11 月至次年 3 月为宜,将棘刺剪下,晒干或趁鲜纵切成斜片或薄片后晒干。完整皂荚刺的棘刺为主刺及 1~2 次分枝,全体褐色或黄棕色,光滑或有细皱纹,有时带有灰白色地衣斑块,全刺圆柱状;于次分枝上又常有更小的刺;体轻,质坚硬,不易折断。因此,选育生长皂荚刺多、刺大且收获的刺产量高的皂荚良种是关键因素。

4.5.1.2　品种选择、苗木繁殖研究

2006 年,博爱县孝敬乡吴庄村一村民从沁阳市常平乡簸箕掌村的一株 50 余年的皂荚大树(因修路已砍掉)剪取一个枝条,在寨豁乡江岭村进行嫁接,以普通皂荚为砧木,当时共嫁接 4 株,后成活 1 株,该株嫁接苗生长健壮,表现出较好的特性;2010 年,该村民又将这棵嫁接树移栽到博爱县孝敬乡吴庄村的自家农田里,因移栽时对树体有损伤,故现在该树主干基部有明显的伤疤,但经过几年的恢复,该树仍表现出特有的优势,结刺多且刺粗壮。2011 年河南省林业科学研究院"皂荚良种选育"课题组在全省皂荚资源调查选优时,发现了这株皂荚优良单株,并与当地技术人员连续 3 年对其产刺量进行追踪调查,'豫皂 1 号'母树单株刺产量 2013 年为 2.0 kg、2014 年为 2.4 kg、2015 年为 3.0 kg,且在观察的几年里结刺量无大小年现象,该株皂荚即为现在嫁接繁殖后代的母树。利用该树上枝条为接穗,通过嫁接繁殖方法,已繁殖有 4 年生、3 年生、2 年生和 1 年生嫁接苗木数万株。

4.5.1.3　区域试验与稳定性和一致性研究

2014 年春天开始利用嫁接繁殖的方法,按照区域试验要求,在代表不同立地条件的博爱、陕州、淅川营造无性系对比试验林,密度 2.0 m×1.5 m,试验林对照用'硕刺'皂荚品种。试验林营造时,依据嫁接要求进行。造林当年生长季节及时抹芽,保证每棵苗上留 1 个萌条。每年生长季节防治蚜虫 1~2 次。除第一年修除竞争枝外,对试验树木不做修枝处理,以观测其自然生长状态的干型、冠形等。试验林营造后,每年调查皂荚刺形态特征及产量,待树木生长停止后调查树高、胸径。

从连续几年的测量结果看,'豫皂 1 号'具有新品种的遗传稳定性、一致性,所繁育的苗木生长发育正常,均表现出与来源优株相同的性状,特异性状保持稳定,'豫皂 1 号'具有小叶叶片大而肥厚、单刺粗壮且刺上分刺多、产刺量高、结刺量无大小年现象,植株生长旺盛、病虫害少等优点。该品种类型是一个很有发展前景的皂荚新品种。

4.5.2　主要性状

4.5.2.1　植物学性状

通过多年的观察和测量,'豫皂 1 号'的生物学特性表现为:植株健壮,主干明显且通直,树体生长旺盛,叶为一回偶数羽状复叶,偶见一回奇数羽状复叶,叶片萌发较'硕刺'皂荚品种晚 8 ~ 10 d,小叶叶片大、长圆形、顶端圆钝,多年生枝上小叶 6 ~ 7 对,当年生枝上小叶 3 ~ 4 对,当年生枝上的小叶叶片长度为 3.4 ~ 5.8 cm、宽度为 2.1 ~ 3.3 cm;皂刺圆柱形、粗壮且刺上分刺多,主要生长在主干和主枝上,成簇生长在一起,且从树干基部向上呈螺旋状生长。'豫皂 1 号'母树树高 5.6 m、胸径 7.9 cm、冠幅 3.42 m;单刺重平均为 26.30 g,最大单刺重 51.82 g,单刺长度为 28.1 cm、直径为 7.89 mm,单刺分刺数为 16 个,刺幅度为 26.5 cm;单株刺产量 2013 年为 2.0 kg、2014 年为 2.4 kg、2015 年为 3.0 kg。3 年生嫁接植株主干上的单刺长平均为 13.6 cm,刺直径平均为 7.38 mm,单刺重平均为 8.37 g;3 年生嫁接植株 1 年生枝上的单刺长平均为 7.6 cm,刺直径平均为 7.35 mm,单刺重平均为 3.99 g,单刺重最大为 9.1 g;3 年生嫁接植株单株刺产量平均为 1.3 kg(比普通皂荚品种增产 97.5% 以上);皂刺褐变期晚,8 月初皂刺仍为绿色,只有极少部分刺尖部变褐,9 月上旬褐变明显,最后变为黄褐色。

4.5.2.2 特异性状

'豫皂 1 号'与'硕刺'皂荚最明显的区别在于其皂荚刺形态、皂荚刺长、皂荚刺直径、皂刺颜色、皂刺变色期和单株皂荚刺产量。

由表 4-1 可见,'豫皂 1 号'与'硕刺'皂荚的皂荚刺形态指标、单刺质量和 3 年生嫁接植株单株产量差异较大,'豫皂 1 号'显著优于'硕刺'皂荚;皂荚刺颜色和皂荚刺变色期,两者也有差异。

表 4-1　'豫皂 1 号'与'硕刺'皂荚比较

品种	一年生枝刺长度(cm)	1 年生枝刺直径(mm)	1 年生枝单刺重(g)	成熟皂刺颜色	皂荚刺变色期	3 年生单株刺产量(kg)
豫皂1 号	7.6	7.35	3.99	黄褐色	8 月底	1.3
硕刺皂荚	6.94	6.3	1.26	浅(黄)棕色	9 月下旬	1.0

由表 4-2 可以看出,'豫皂 1 号'无性系在 3 个试验区的 3 年生嫁接植株的单株皂荚刺产量均比当地同龄'硕刺'皂荚品种增益 30% 左右。

表 4-2　三个试验区'豫皂 1 号'单株(3 年生)刺产量比'硕刺'皂荚的增益

（%）

皂荚刺产量	博爱	陕州	淅川
豫皂 1 号	30	27	25

4.5.2.3 抗性

根据各地试栽情况的调查,植株表现生长健壮,树势强健,枝叶繁茂。抗性强,未发现明显病虫害;无冻害,耐低温。

4.5.2.4 稳定性及一致性

(1)稳定性。经过多年的选育观察,植株生长正常,皂荚刺与叶片的生长性状保持稳定。单株植物间特异性完全一致。

（2）一致性。连续多年在博爱、陕州、淅川等地进行区试，采用嫁接所扩繁的苗木均表现出与来源优株相同的性状。充分说明'豫皂1号'具有新品种的遗传稳定性和一致性。

4.5.3 繁殖与栽培管理技术要点

（1）砧木实生苗的培育。利用普通皂荚的种子，经处理后播种；其间要进行苗木密度的控制，以便培育出粗壮的砧木苗。

（2）嫁接苗的繁殖。待皂荚实生苗生长到第二年时，在4月上中旬，以2年生皂荚实生苗为砧木，以选出的优良单株上的枝条为接穗，采用枝接法和芽接法进行嫁接。

（3）嫁接苗的管理。嫁接后定期观察，并及时抹除砧木上的萌芽，做好除草、松土工作，干旱时应及时浇水，保证其嫁接成活率；苗木长大后，要进行主干的培养，并成行拉绳或用竹竿固定，保证其直立度。

（4）苗木的定植。前三年按2.0 m×1.5 m的株行距进行定植，后期可进行移栽，株行距控制在2.0 m×3.0 m即可。

（5）虫害的防治。危害皂荚的虫害主要是蚜虫、红蜘蛛，可喷洒20%灭多威乳油1 500倍液或50%蚜松乳油1 000～1 500倍液或50%辛硫磷乳油2 000倍液进行防治。

4.5.4 综合评价

'豫皂1号'在河南省皂荚适生区表现突出，单刺特性及单株皂荚刺产量均显著高于'硕刺'皂荚和当地普通皂荚品种，在平原适生发展区3年生嫁接植株单株皂荚刺产量平均为1.30 kg，比'硕刺'皂荚增益30%左右，比当地普通皂荚增益97.5%以上。在河南省山地、丘陵及平原地区极具推广价值。

4.6　'豫皂 2 号'皂荚特性及选育过程

4.6.1　选育过程

4.6.1.1　选育目的和依据

选育目的和依据与'豫皂 1 号'的一致。

4.6.1.2　品种选择、苗木繁殖研究

2006 年,博爱县孝敬乡吴庄村一村民从博爱县磨头镇西李洼村的一株 120 余年的皂荚古树(现已保护起来)上采集一些皂荚种子,将种子处理后于 2007 年春播种在自家农田里,当年出苗成活 260 株。2011 年河南省林业科学研究院"皂荚良种选育"课题组在全省皂荚资源调查选优时,发现这片皂荚林,并与当地技术人员一起对其进行了详细调查、测量,经过几年的观察,在这 260 株实生苗中选育出 1 株皂刺长且下垂、结刺多、在观察的几年里结刺量无大小年现象的植株,该株皂荚即为现在嫁接繁殖后代的母树。利用该树上枝条为接穗,通过嫁接繁殖方法,已繁殖有 3 年生、2 年生和 1 年生嫁接苗木数万株。

4.6.1.3　区域试验与稳定性和一致性研究

2014 年春天开始利用嫁接繁殖的方法,按照区域试验要求,在代表不同立地条件的博爱、陕州、淅川营造无性系对比试验林,密度 2.0 m×1.5 m,试验林对照用'硕刺'皂荚品种。试验林营造时,依据嫁接要求进行。造林当年生长季节及时抹芽,保证每棵苗上留 1 个萌条。每年生长季节防治蚜虫 1～2 次。除第一年修除竞争枝外,对试验树木不做修枝处理,以观测其自然生长状态的干型、冠形等。

试验林营造后,每年调查皂荚刺形态特征及产量,待树木生长停止后调查树高、胸径。

从连续几年的测量结果看,'豫皂2号'具有新品种的遗传稳定性、一致性,所繁育的苗木生长发育正常,均表现出与来源优株相同的性状,特异性状保持稳定,'豫皂2号'具有单刺长且刺上分刺、结刺多、产刺量高、结刺量无大小年现象,植株生长旺盛、病虫害少等优点。该品种类型是一个很有发展前景的皂荚新品种。

4.6.2 主要性状

4.6.2.1 植物学性状

通过多年的观察和测量,'豫皂2号'的生物学特性表现为:植株健壮,主干明显且通直,树体生长旺盛,叶为一回偶数羽状复叶,偶见一回奇数羽状复叶,小叶叶片大且肥厚,多年生枝上小叶5~7对,当年生枝上小叶3~6对,多4对,当年生枝上的小叶叶片长度为3.8~7.3 cm、宽度为2.2~3.6 cm;皂刺圆柱形,长且下垂,下垂角度30°~45°,主要生长在主干和主枝基部,成簇生长在一起。'豫皂2号'母树树高6.25 m、胸径10.8 cm、冠幅4.41 m;单刺重平均为18.78 g,最大单刺重34.32 g,单刺长度为31.2 cm,直径为9.46 mm,单刺分刺数为18个,刺幅度为30.6 cm;单株刺产量2013年为2.5 kg、2014年为2.7 kg、2015年为2.8 kg。3年生嫁接植株主干上的单刺长平均为20.5 cm,刺直径平均为7.26 mm,单刺重平均为9.20 g;3年生嫁接植株1年生枝上的单刺长平均为9.2 cm,刺直径平均为5.54 mm,单刺重平均为1.65 g,单刺重最大为3.66 g;3年生嫁接植株单株刺产量平均为1.2 kg(比普通皂荚品种增产90%以上);皂刺褐变期早,在7月中旬前后开始褐变,最后变为深褐色。

4.6.2.2 特异性状

'豫皂 2 号'与'硕刺'皂荚最明显的区别在于其皂荚刺形态、皂荚刺长、皂荚刺直径、皂刺伸展方向、成熟皂刺颜色和皂刺变色期等。

由表 4-3 可见,'豫皂 2 号'与'硕刺'皂荚的皂荚刺形态指标和单刺质量差异较大,'豫皂 2 号'也显著优于'硕刺'皂荚;主干皂刺伸展方向、成熟皂刺颜色和皂刺变色期,两者也有差异。

表 4-3 '豫皂 2 号'与'硕刺'皂荚比较

品种	一年生枝刺长度(cm)	一年生枝刺直径(mm)	一年生枝单刺重(g)	主干皂刺伸展方向	成熟皂刺颜色	皂刺变色期
豫皂 2 号	9.20	5.54	1.65	斜下	深褐色	7 月中旬
硕刺皂荚	6.94	6.3	1.26	斜上	浅(黄)棕色	9 月下旬

由表 4-4 可以看出,'豫皂 2 号'无性系在 3 个试验区的 3 年生嫁接植株单株皂荚刺产量均比当地同期'硕刺'皂荚品种增益 20% 左右。

表 4-4　3 个试验区'豫皂 2 号'单株(3 年生)刺产量比'硕刺'皂荚的增益

(%)

品种	博爱	陕州	淅川
豫皂 2 号	20	18	17

4.6.2.3 抗性

根据各地试栽情况的调查,植株表现生长健壮,树势强健,枝叶繁茂。抗性强,未发现明显病虫害;无冻害,耐低温。

4.6.2.4 稳定性及一致性

(1)稳定性。经过多年的选育观察,植株生长正常,皂荚刺与叶片的生长性状保持稳定。单株植物间特异性完全一致。

（2）一致性。连续多年在博爱、陕州、淅川等地进行区试,采用嫁接所扩繁的苗木均表现出与来源优株相同的性状。充分说明'豫皂2号'具有新品种的遗传稳定性和一致性。

4.6.3　繁殖与栽培管理技术要点

（1）砧木实生苗的培育。利用普通皂荚的种子,经处理后播种;其间要进行苗木密度的控制,以便培育出粗壮的砧木苗。

（2）嫁接苗的繁殖。待皂荚实生苗生长到第二年时,在4月上中旬,以2年生皂荚实生苗为砧木,以选出的优良单株上的枝条为接穗,采用枝接法和芽接法进行嫁接。

（3）嫁接苗的管理。嫁接后定期观察,并及时抹除砧木上的萌芽,做好除草、松土工作,干旱时应及时浇水,保证其嫁接成活率;苗木长大后,要进行主干的培养,并成行拉绳或用竹竿固定,保证其直立度。

（4）苗木的定植。前三年按2.0 m×1.5 m的株行距进行定植,后期可进行移栽,株行距控制在2.0 m×3.0 m即可。

（5）虫害的防治。危害皂荚的虫害主要是蚜虫、红蜘蛛,可喷洒20%灭多威乳油1 500倍液或50%蚜松乳油1 000～1 500倍液或50%辛硫磷乳油2 000倍液进行防治。

4.6.4　综合评价

'豫皂2号'在河南省皂荚适生区表现突出,单刺特性及单株皂荚刺产量均显著高于'硕刺'皂荚和当地普通皂荚品种,在平原适生发展区3年生嫁接植株单株皂荚刺产量平均1.20 kg,比'硕刺'皂荚增益20%左右,比当地普通皂荚增益90%以上。在河南省山地、丘陵及平原地区极具推广价值。

4.7 '豫林1号'皂荚特性及选育过程

4.7.1 选育过程和方法

4.7.1.1 选育目的和依据

皂荚荚果9~10月采收,荚果晒干后,利用脱皮机将荚果的果皮去除,风选剔除瘪种子,再通过人工把霉变的种子挑选出来,最后将饱满且质优的种子晒干、装袋、出售或加工之用。同时荚果果皮、碎屑物等收集后,晒干,供给工厂用作生产洗剂品、洗发品的原料。因此,选育结荚量大、荚果果皮薄且种子饱满的皂荚良种是关键因素。

4.7.1.2 品种选择、苗木繁殖研究

2006年,南召县留山镇玲珑村吴姓村民从南召县留山镇土门村的一株500余年的皂荚大树上剪取枝条,在留山镇玲珑村进行嫁接,以普通皂荚为砧木,当时共嫁接10株,后成活1株,该株嫁接苗生长健壮,表现出较好的特性;2010年,该村民又将这棵嫁接树移栽到留山镇玲珑村的自家庭院里,该树仍表现出特有的优势,结荚果多且荚果饱满。2011年河南省林业科学研究院"皂荚良种选育"课题组在全省皂荚资源调查选优时,发现了这株皂荚优良单株,并与当地技术人员连续五年对其产荚果量进行追踪调查,'豫林1号'皂荚母树单株荚果产量2013年为32.6 kg、2014年为37.3 kg、2015年为42.94 kg、2016年为46.59 kg、2017年为52.05 kg,且在观察的几年里结荚果量无明显大小年现象,该株皂荚即为现在嫁接繁殖后代的母树。利用该树上枝条为接穗,通过嫁接繁殖方法,现已繁殖有4年生、3年生和2年生嫁接苗木数千株,且在南召、汝阳、陕州等地均有栽植,表现均优于当地普通皂荚品种。

4.7.1.3 区域试验与稳定性和一致性研究

2013年春天开始利用嫁接繁殖的方法,按照区域试验要求,在代表不同立地条件的南召、汝阳、陕州营造无性系对比试验林,密度2.0 m×1.5 m,试验林对照用普通皂荚品种。试验林营造时,依据嫁接要求进行。造林当年生长季节及时抹芽,保证每棵苗上留1个萌条。每年生长季节防治蚜虫1~2次。对试验树木要进行整形修剪,注意主干的培养,以获得具有一定高度的主干、树冠圆满的树形。试验林结荚果后,每年调查皂荚荚果产量,待树木生长停止后调查树高、胸径。

从连续几年的测产结果看,'豫林1号'皂荚具有新品种的遗传稳定性、一致性,所繁育的苗木生长发育正常,均表现出与来源优株相同的性状,特异性状保持稳定,'豫林1号'皂荚具有荚果饱满、带状、劲直、两面鼓起、大小匀称、主要生长在小枝上,成簇生长在一起,每簇3~5个,荚果褐变期晚,植株生长旺盛、病虫害少等优点。该品种类型是一个很有发展前景的皂荚新品种。

4.7.2 主要试验结果

4.7.2.1 植物学性状

通过多年的观察和测量,'豫林1号'皂荚的生物学特性表现为:植株健壮,主干明显且通直,树体生长旺盛,叶为一回偶数羽状复叶,展叶期为4月上中旬,小叶叶片大、长圆形、顶端圆钝,当年生枝上的小叶叶片长度为4.9~7.8 cm、宽度为2.6~4.6 cm;荚果带状、劲直、两面鼓起,主要生长在小枝上,成簇生长在一起,每簇3~5个。'豫林1号'皂荚母树树龄为11年,树高7.05 m,胸径16.1 cm,冠幅东西长6.2 m、南北长6.6 m;单个荚果长度平均为27.94 cm,宽度平均为 3.02 cm,厚度平均为 13.64 mm,单个荚果重平均为 31.37 g;单株荚果产量 2015 年为 42.94 kg、2016 年为 46.59 kg、2017 年为 52.05 kg,干荚果出籽率为 38.42%,种子千粒重为 506 g。同龄对照实生皂荚植株树高 7.9 m,胸径 18 cm,冠幅东西长 6.1 m、南北长 6.0 m;单个荚果长度平均为 24.08 cm,宽度平均为 35.26 mm,厚度平均为 10.13 mm,单个荚果重平均为 19.70 g;单株荚果产量 2015 年为 16.09 kg、2016 年为 29.11 kg、2017 年为 14.98 kg,干荚果出籽率为 24.37%,种子千粒重为 345 g。'豫林 1 号'皂荚母树单株荚果产量连续 3 年比同龄对照皂荚增产 60.05% ~ 247.46%。4 年生嫁接植株单株荚果产量平均为 12.6 kg。荚果褐变期晚,9 月底荚果仍为黄绿色,10 月下旬褐变明显,最后变为深褐色。结荚果量大,大小年不明显,病虫害少,对土壤和气候条件要求不严,耐干旱、瘠薄,具有广泛的适应性和推广价值。

4.7.2.2 特异性状

'豫林 1 号'皂荚与当地普通皂荚最明显的区别在于其荚果形态、荚果变色期、荚果产量。

由表 4-5 可见,'豫林 1 号'皂荚与普通皂荚的单个荚果质量、单株皂荚荚果产量差异较大,'豫林 1 号'皂荚显著优于普通皂荚;荚果形态和荚果变色期,两者也有差异。

表 4-5 '豫林 1 号'皂荚与普通皂荚比较

品种	荚果形态	荚果厚度（mm）	荚果变色期	单个荚果质量(g)
'豫林 1 号'皂荚	饱满、通直	13.64	10 月中旬	31.37
普通皂荚	扁平、弯曲	10.13	9 月下旬	19.70

由表4-6可以看出,'豫林1号'皂荚无性系在3个试验区的4年生嫁接植株的单株荚果产量均比当地同龄普通皂荚品种增益60%以上。

表4-6　三个试验区'豫林1号'皂荚单株(4年生)荚果产量比普通皂荚的增益

(%)

品种	南召	汝阳	陕州
'豫林1号'皂荚	69	65	63

4.7.2.3　抗性

根据各地试栽情况的调查,植株表现生长健壮,树势强健,枝叶繁茂。抗性强,未发现明显病虫害;无冻害,耐低温。

4.7.2.4　稳定性及一致性

(1)稳定性。经过多年的选育观察,植株生长正常,皂荚荚果与叶片的生长性状保持稳定。单株植物间特异性完全一致。

(2)一致性。连续多年在南召、汝阳、陕州等地进行区试,采用嫁接所扩繁的苗木均表现出与来源优株相同的性状。充分说明'豫林1号'皂荚具有新品种的遗传稳定性和一致性。

4.7.3　繁殖与栽培管理技术要点

(1)砧木实生苗的培育。利用普通皂荚的种子,经处理后播种;期间要进行苗木密度的控制,以便培育出粗壮的砧木苗。

(2)嫁接苗的繁殖。待皂荚实生苗生长到第二年时,在4月初,以2年生皂荚实生苗为砧木,以选出的优良单株上的枝条为接穗,采用插皮接进行嫁接。

(3)嫁接苗的管理。嫁接后定期观察,并及时抹除砧木上的萌芽,做好除草、松土工作,干旱时应及时浇水,保证其嫁接成活率;苗木长大后,要进行主干的培养,并成行拉绳或用竹竿固定,保证其直立度。

(4)苗木的定植。前三年按 2.0 m×1.5 m 的株行距进行定植,后期可进行移栽,株行距控制在 2.0 m×3.0 m 即可。

(5)蚜虫的防治。发现蚜虫可及时喷洒 20% 灭多威乳油 1 500 倍液或 50% 蚜松乳油 1 000~1 500 倍液或 50% 辛硫磷乳油 2 000 倍液进行防治。

4.7.4 小结

皂荚是一个多功能生态经济型乡土树种,广泛用于营造防风固沙林、水土保持林、城乡景观林、工业原料林、木本药材林等,为社会提供皂荚果、皂荚刺、皂荚种子工业原材料的同时,还在生态建设中发挥着显著的生态效益。

'豫林1号'是十分优良的果用皂荚良种,在河南省皂荚适生区表现突出,单个荚果特性及单株皂荚荚果产量均显著高于当地普通皂荚品种,在平原适生发展区 4 年生嫁接植株单株皂荚荚果产量平均为 12.6 kg,比普通皂荚增益 60% 以上。在河南省山地、丘陵及平原地区极具推广价值。

第 5 章　皂荚繁殖技术体系的建立

5.1　播种育苗

5.1.1　试验材料

皂荚种子来自河南本地筛选的皂荚优株上采集的种子。

5.1.2　试验方法

5.1.2.1　水浴处理

采用水浴法对皂荚种子进行处理,以温度、加热时间为变化因素,分别取 3 个水平,每个试验重复 3 次,试验设计见表 5-1。每组种子 300 粒,以室温水浸泡作为对照,编号为 1,共 10 组试验。

水浴处理全部结束后,使其自然冷却。将潮湿河沙用多菌灵或甲基托布津消毒。烧杯内的种子浸泡 24 h 后,将每个处理的吸胀种子挑出,分别埋入花盆进行层积催芽,种子和河沙体积比 1∶3。花盆以保鲜膜封口,对照烧杯编号。

表 5-1　水浴处理试验设计

水平	因素	
	温度(℃)	加热时间(min)
1	45	2
2	75	5
3	100	10

5.1.2.2 硫酸处理

采用硫酸法对皂荚种子进行处理,以硫酸浓度、处理时间为变化因素,每个试验重复 3 次,试验设计见表 5-2。每组种子 300 粒,以室温水浸泡作为对照,编号为 1,共 16 组试验。

先处理 12～16 号,每个里面加 98% 浓硫酸 5 mL,用玻璃棒搅拌均匀,每隔 5 min 搅拌一次,皂荚种子逐渐变红发亮,出现细小裂纹,烧杯内出现红褐色黏液。处理时间达到后,用清水漂洗烧杯内种子,直至洗出的水 pH 接近 7。45% 和 75% 硫酸溶液处理的种子除了硫酸溶液用量为 50 mL,其他步骤相同。

全部处理完后,每个烧杯内添加 40 ℃左右的温水 300 mL,24 h 换一次水,如水浑浊要及时换水,浸种 24 h 后,挑出吸胀的种子进行层积催芽。未吸胀的种子继续浸种,24 h 后再挑选,如此挑选 4 次。

表 5-2 硫酸处理试验设计

水平	因素	
	硫酸浓度(%)	处理时间(min)
1	45	20
2	75	30
3	98	40
4		50
5		60

5.1.3 结果与分析

5.1.3.1 不同温度、时间水浴处理皂荚种子催芽情况

由图 5-1 可知,不同水温处理随着时间的延长,种子吸胀率和霉

烂率与对照比较变化明显,尤其是 100 ℃水浴处理 5 min、10 min 的种子,吸胀率是对照的 4～5 倍,霉烂率也是对照的 9～10 倍,而发芽率却比对照低 75%～80%(见表 5-3)。

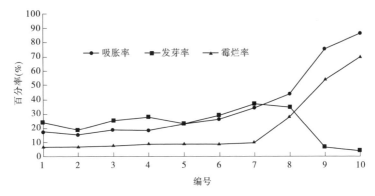

图 5-1　不同温度、时间水浴处理皂荚种子催芽情况

表 5-3　不同温度、时间水浴处理皂荚种子差异分析

温度(℃)	加热时间(min)	吸胀率(%)	发芽率(%)	霉烂率(%)
CK	—	24 ± 0.05	17.3 ± 0.02	6.4 ± 0.04
45	2	18.7 ± 0.02a	17.7 ± 0.03a	6.6 ± 0.02a
	5	25.3 ± 0.02b	18.7 ± 0.03a	6.8 ± 0.02a
	10	28 ± 0.06ab	18.3 ± 0.02a	7.2 ± 0.03a
75	2	22.7 ± 0.03a	23.3 ± 0.06a	7.4 ± 0.04a
	5	28.7 ± 0.04a	26 ± 0.04a	7.1 ± 0.05a
	10	37 ± 0.09a	34.3 ± 0.05a	7.8 ± 0.09a
100	2	43.3 ± 0.06a	34.3 ± 0.11a	24.8 ± 0.13B
	5	75.7 ± 0.12b	6.0 ± 0.01B	53.9 ± 1.02C
	10	86.7b ± 0.02C	4.0 ± 0.01B	71.6 ± 2.45D

注:不同大写、小写字母分别表示差异在 0.01、0.05 水平显著。

由表 5-3 可以看出：

(1)45 ℃热水处理的种子吸胀率和发芽率随着时间的延长而增加,3 个处理之间吸胀率和发芽率差异均不显著。

(2)75 ℃热水处理的种子吸胀率和发芽率也是随着时间的延长而增加,3 个处理之间吸胀率差异不显著;处理 10 min 的皂荚种子发芽率为 34.3%,是所有处理中发芽率最高的,但是 3 个处理之间发芽率差异不显著。

(3)100 ℃热水处理 2 min 的种子吸胀率随着时间的延长而增加,处理 2 min 与处理 5 min 差异显著,处理 10 min 与处理 2 min 差异极显著,处理 5 min 与处理 10 min 差异不显著;处理 5 min 发芽率为 34.3%,但处理 5 min 和 10 min 的皂荚种子,在播种后不但发芽率极低,且种子胀大后均出现种皮发霉腐烂的现象,并在种皮表面出现一层黏稠物质,3 组中处理 2 min 与 5 min 发芽率差异极显著,处理 2 min 与处理 10 min 差异极显著,处理 5 min 与 10 min 差异不显著。

(4)2 min 热水处理的种子吸胀率,45 ℃和 75 ℃差异不显著,75 ℃和 100 ℃差异极显著,45 ℃和 100 ℃差异极显著;2 min 热水处理的种子发芽率,3 个处理之间发芽率差异不显著。

(5)5 min 热水处理的种子吸胀率,45 ℃和 75 ℃差异不显著,75 ℃和 100 ℃差异极显著,45 ℃和 100 ℃差异极显著;5 min 热水处理的种子发芽率,45 ℃和 75 ℃差异不显著,75 ℃和 100 ℃差异极显著,45 ℃和 100 ℃差异极显著。

(6)10 min 热水处理的种子吸胀率,45 ℃和 75 ℃差异显著,75 ℃和 100 ℃差异极显著,45 ℃和 100 ℃差异极显著;10 min 热水处理的种子发芽率,45 ℃和 75 ℃差异显著,75 ℃和 100 ℃差异极显著,45 ℃和 100 ℃差异极显著。

5.1.3.2　硫酸处理对皂荚种子发芽的影响

硫酸处理皂荚种子吸胀和发芽情况由图 5-2 可以看出,98% 浓硫酸处理的效果明显好于其他浓度处理,且处理 40 min 效果最好,达 81.33% ;98% 浓硫酸处理超过 40 min 以后,吸胀率仍有所上升,发芽率逐渐下降,霉烂率也随之上升。

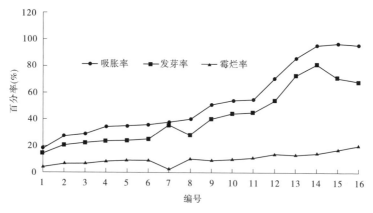

图 5-2　硫酸处理皂荚种子发芽情况

5.1.4　小结

(1)45 ℃ 、75 ℃温度水浴处理,种子吸胀率和发芽率均在 40%以下,说明低温打破皂荚种子休眠效果不明显;100 ℃温度水浴处理,随着时间延长,吸胀率显著提高,但是其霉烂率也随之骤升,发芽率急剧下降,因为高温水浴使皂荚种皮破裂,增加了种子吸水能力,但损害了种子的种胚,使种子大量霉变,影响了发芽。

(2)不同浓度硫酸处理,以 98% 浓硫酸处理 40 min 效果最好,要把握好处理的时机,在浓硫酸处理时,可通过观察种子的颜色及种壳微小裂纹的情况及时清洗种子。98%浓硫酸处理并非时间越长越好,随着时间延长,吸胀率不断提高,然而超过40 min,发芽率就会降低,原因是浓硫酸使种子种壳破裂,便于种子吸收水分,易于吸胀,但时间过长浓硫酸会通过种皮裂缝进入种子内部,损坏种胚,使种子不能发芽,且种子易产生霉变。

(3)98%浓硫酸的处理种子催芽技术,已经用于指导皂荚育苗生产,并且取得了很好效果,可以推广使用。

采用本技术在嵩县、陕州、方城县共培育苗木820万株,种子发芽率达85%,比当地常规处理提高46%,育苗成本节约近50%。

5.2　硬枝扦插

5.2.1　材料与方法

5.2.1.1　试验材料采集与制穗

试验材料采自河南郑新林业高新技术试验场皂荚园。于2015年3月中下旬取3~5年生、无病虫害、生长健壮母树上的1年生完全木质化枝条作为插穗材料;剪取长度为8~10 cm,保留2~3个芽,生物学下端修剪成斜切面,生物学上端修剪成平切面,上切口距芽1.0~1.5 cm,下切口距芽1.0~1.5 cm,制备插穗;按30个插穗一捆捆成插穗捆。

5.2.1.2　试验设计

在日光温室的扦插池内,先铺厚度为3~4 cm粗河沙,再将装满粗河沙的营养钵整齐地摆放在扦插池里,浇足底水作为扦插基质。以植物激素种类、激素浓度、浸泡时间为变化因素,分别取3个水平,

按 $L_9(3^4)$ 安排试验,每个试验重复 3 次,试验设计见表 5-4,研究各因素对扦插生根率的影响,并对正交试验结果进行极差分析,筛选出最佳扦插工艺参数。

表 5-4　正交试验水平及因素

水平	因素		
	A 激素种类	B 激素浓度(g/L)	C 浸泡时间(h)
1	IAA	0.5	1.0
2	NAA	1.0	1.5
3	IBA	1.5	2.0

5.2.1.3　插穗的处理及扦插

将插穗捆中的生物学下端浸泡在植物生长激素溶液中,并设置不同的浸泡时间,浸泡深度 2~3 cm。扦插前 1~2 d 用质量浓度为 0.1%~0.2% 的多菌灵喷洒粗河沙。将处理后的插穗插入营养钵中,插入深度以距离营养钵底部 1~2 cm 为宜,扦插后在每个营养钵里浇灌该插穗捆浸泡浓度的植物生长激素溶液 50 mL。

5.2.1.4　数据分析

利用正交设计助手 Ⅱ v3.1 进行正交设计,并对试验数据进行直观分析;采用 SPSS 20.0 对试验数据进行方差分析。

5.2.2　结果与分析

5.2.2.1　直观分析

皂荚硬枝扦插生根率调查结果见表 5-5。

极差分析结果表明,皂荚硬枝扦插设置的 3 个因素对生根率影响大小依次为:激素种类 > 激素浓度 > 浸泡时间。

1. 激素种类和激素浓度的影响

用外源激素处理插穗,可以促进维管束的分化,提高形成层细胞活性,从而利于伤口的愈合及不定根的形成。从图 5-3 中可见,激素种类不同,皂荚硬枝扦插生根率差异较大,IAA 处理的生根率最高,可达 90%;NAA 处理的生根率次之,为 80.7%;IBA 处理的生根率最低,仅为 58.3%。从激素种类来说,IAA 对促进生根效果最佳。

表 5-5　皂荚硬枝扦插生根率调查结果与极差分析

试验号	试验方案			生根率
	A	B	C	(%)
1	IAA	0.5	1.0	88
2	IAA	1.0	1.5	92
3	IAA	1.5	2.0	90
4	NAA	0.5	2.0	77
5	NAA	1.0	1.0	85
6	NAA	1.5	1.5	80
7	IBA	0.5	1.5	52
8	IBA	1.0	2.0	65
9	IBA	1.5	1.0	58
K_1	2.700	2.169	2.331	
K_2	2.421	2.421	2.271	
K_3	1.749	2.280	2.271	
k_1	0.900	0.723	0.777	
k_2	0.807	0.807	0.757	
k_3	0.583	0.760	0.757	
R	0.317	0.084	0.020	

2. 激素浓度的影响

由图 5-3 可以看出,在试验范围内,皂荚硬枝扦插生根率随着激素浓度的升高,呈现先升高后降低的变化趋势,即激素浓度为 1.0 g/L 时,生根率最佳,为 80.7%。

3. 浸泡时间的影响

从图 5-3 可知,浸泡时间对皂荚硬枝扦插生根率的影响并不显著,相反,浸泡时间从 1.0 h 增加到 2.0 h 时,生根率呈下降并趋于稳定的趋势,这说明生长激素对插穗内源物质有影响,浸泡时间适当,能起到促进作用,若浸泡时间过长,反而会产生一定的抑制甚至是毒害作用,造成扦插生根效果不佳。本试验无论从效率和效果方面考虑,优选浸泡时间为 1.0 h。

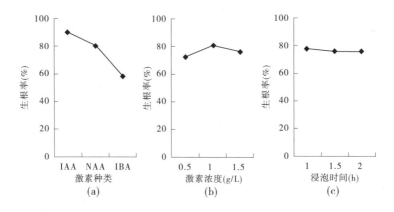

图 5-3　不同处理对皂荚扦插生根率的影响

5.2.2.2　方差分析

由表 5-6 可知,激素种类间的 $F = 125.421, P = 0.008 < 0.01$,表明激素种类对皂荚硬枝扦插生根率的影响极显著;而激素浓度间的 $F = 8.263, P = 0.108 > 0.05$,表明激素浓度对皂荚硬枝扦插生根率的影响不显著,浸泡时间的 $F = 0.632, P = 0.613 > 0.05$,表明浸泡时间对皂荚硬枝扦插生根率的影响也不显著。

表 5-6　生根率方差分析

来源	偏差平方和	自由度	均方和	F 值	Sig.
激素种类 A	0.159	2	0.079	125.421	0.008
激素浓度 B	0.010	2	0.005	8.263	0.108
浸泡时间 C	0.001	2	0.000	0.632	0.613
误差	0.001	2	0.001		
总和	0.171	8			

5.2.3 小结

采用硬枝扦插繁殖方法,既能保持皂荚的优良性状,又可增加种苗,同时也保证了苗木的整齐度。激素种类不同,皂荚硬枝扦插生根率差异极显著,激素浓度和浸泡时间对皂荚硬枝扦插生根率的影响不显著,但对皂荚扦插生根率还是具有一定促进作用的,配方组合IAA1.0 g/L、浸泡时间1.5 h处理的生根率较高,可达92%,且发根早,扦插18 d后开始出现根原基、30 d后大量生根、50 d后根系发达,扦插苗的萌芽率也高;配方组合NAA1.0 g/L、浸泡时间1.0 h处理的生根率为85%,扦插23 d后开始出现根原基、38 d后大量生根、62 d后根系发达,扦插苗的萌芽率也较高;IBA组合处理的生根率较低,根原基形成得较慢,生根周期较长,扦插苗的萌芽率较低。

综合考虑经济成本和时间成本,本试验优选组合为IAA、浓度1.0 g/L、浸泡时间1.0 h。此种方法已用于生产中,指导良种繁育,取得了很好效果。

5.3 改良型插皮接

5.3.1 试验地概况

本试验嫁接地点为新郑市郭店镇,地势西高东低,西部为浅山丘陵区,东部为平原,西北部为丘岗地。地理坐标范围:东经113°30′~113°54′,北纬34°16′~34°39′,属暖温带大陆性季风气候,年平均气温14.3 ℃,年平均降水量735 mm。新郑市土壤类型以褐土和沙土为主,土壤酸碱度为中性偏酸性。

5.3.2　接穗材料的选择和采集

本试验是在河南省焦作市博爱县皂荚良种园中采集接穗,从 12 月至翌年 2 月,结合皂荚刺采收,采下枝条后,剪掉枝条上的枝刺;选择枝条通直、无机械损伤、无病虫害、芽体饱满且直径在 0.6 ~ 1.3 cm 的一年生健壮枝条作为插穗材料。

5.3.3　接穗的制备、蜡封和储存

接穗采集后,剪掉枝条上的枝刺,剪取长度为 10 ~ 15 cm,保留 3 ~ 4 个芽,生物学上端和下端平剪,最好做到随采集随制备接穗;将得到的接穗完全浸泡到 500 ~ 800 倍高锰酸钾和 50% 多菌灵可湿性粉剂混合液中,浸泡时间 30 min,捞出晾干;然后进行蜡封,石蜡溶液温度控制在 70 ~ 90 ℃,分别将接穗两端在石蜡溶液里各速蘸一次,放在一旁冷却,切忌将刚蜡封的接穗堆积在一起;待蜡封接穗完全冷却后,按 50 个或 100 个接穗捆成一捆,再将捆好的接穗 10 捆或 20 捆装入有透气孔的透明熟料袋内,扎紧袋口,储藏于冷库货架上,并用蘸水的湿布盖好,要求温度保持在 3 ~ 6 ℃、空气湿度保持在 60% ~ 75%。

5.3.4　砧木的选择和处理

在新郑市郭店镇试验区选择发育良好、生长健壮的 1 至 2 年生播种苗作为砧木。嫁接前对所选砧木进行清棵,将其周围野草深翻覆盖,清理干净。嫁接前两天充分浇水,使砧木树液活动,皮部容易剥离,为之后的嫁接工作做好准备。

5.3.5　嫁接方法

于 4 月初至 5 月上旬,采用改良型插皮接进行嫁接,即先在砧木离地面 10 ~ 15 cm、光滑的部位平剪,再利用皂荚插皮接专用嫁接刀在平剪口的一侧倾斜约 30°削一斜面,然后把嫁接刀尖从斜面的中央开始垂直往下划一长度约 2 cm、深度达形成层的小口;将得到接穗的下端削成长度为 2.0 ~ 3.0 cm 半 U 形,木质部削去 1/2 ~ 2/3,用削好的接穗顺着砧木皮部划开的小口,插到砧木皮层的缝隙里,最后用提前剪好的、宽约 1.5 cm 的塑料条将两者结合处连同砧木平剪面一并绑缚、捆紧。

5.3.6　嫁接后管理

(1)嫁接口处理。嫁接后 2 周内,经常观察,检查嫁接处是否有积水,若有积水出现要及时排水。

(2)除萌蘖。嫁接成活及剪砧后,应及时除去萌蘖,以保持新梢生长迅速,如果不及时除去萌蘖,砧木萌蘖生长快,对养分的竞争力强,这就影响了接穗对养分的吸收,对接穗的生长不利,故应及时除去砧木上萌发的新芽和枝条,减少养分消耗,有利于接穗的生长、嫁接部位愈合和接穗成活。

(3)解绑:本次嫁接采用塑料条捆绑,塑料条能够保持湿度且捆绑得紧,但是塑料条不会腐烂,这样长期以来就影响了砧木和接穗的生长。所以需要慢慢除去塑料条,观察到接穗明显生长后,先将塑料袋解开一个小孔,再过 10 d 后将塑料袋除去,以防一次除去后产生萎蔫现象,直到嫁接 2 ~ 3 周后完全除去塑料条。

(4)立支柱。嫁接成活后,因为砧木根系发达,接穗生长速度快。而嫁接结合处一般并不牢固,容易被风吹折。立支柱可以防止风害。本试验在新梢长到30 cm左右时,解绑塑料条后,在砧木的接穗处绑1~2根支棍,选用牢固的材料,下端插在地上,固定好,上端把新梢固定在支柱上。绑时应注意不要太紧,以免勒伤枝条。

(5)加强肥水管理。嫁接后需要立刻灌一次透水,为使其生长旺盛,应适时施肥,一般要先施氮肥,氮肥可以促进植株营养生长旺盛,施肥的同时要与灌水紧密结合,防止烧苗。

(6)防止病虫害。嫁接成活后,新梢萌发的叶片非常细嫩,很多病虫害主要危害叶间生长点和叶片,要经常观察,及时防治。主要病虫害有白粉病、煤污病、枝枯病及蚜虫、疥虫、天牛等,以蚜虫危害叶片较多,发生病虫害时要加强管理,及时喷施农药,做好防治工作。蚜虫发生严重时,可用40%氧化乐果乳油50~100倍液于傍晚进行喷洒。

(7)整形修剪。嫁接后,皂荚生长速度较快,5~10年后,粗度会超过砧木且越来越明显,形成"小脚"现象。同时,由于山坡上风速较大,易将树干折断,所以整形和修剪要根据生长情况,控制树势。既有利丰产,同时又注意树干安全。通常采用多主枝二层开心形或疏散分层形。

5.3.7　小结

本嫁接方法包括接穗采集与制备、接穗消毒、接穗的蜡封与保存、嫁接时期的选择、砧木管护、嫁接方法、嫁接后管理等。所采用的接穗与皂荚采刺相结合,使得资源充分利用,本嫁接方法的时期好辨别、方法易操作、管护又简单,且皂荚嫁接成活率能达到97%以上,完全能实现皂荚嫁接技术的产业化。

5.4　芽苗嫩枝嫁接

皂荚芽苗嫩枝嫁接方法,其以皂荚种子培育出的芽苗为砧木,以皂荚良种当年生半木质化嫩枝为接穗,采用劈接法进行嫁接并长成新的植株。操作方法和步骤具体介绍如下。

5.4.1　砧木的培育

5.4.1.1　种子采收

选择树势旺、发育良好、没有病虫害、种子饱满的 30～100 年生盛果期的壮龄母树,于 10 月下旬至 11 月上旬果实变为红褐色时采种。选用饱满的成熟荚角,采后晾干、碾(轧)碎荚角取籽,除去杂质,选择粒大、无虫、无病、无机械损伤的饱满籽粒作种子,种子千粒重 450～500 g,干藏越冬,备用。

5.4.1.2　硫酸处理

皂荚种子外壳坚硬,且富含胶质,常态下很难浸水,很难在短期内破壳萌芽。在自然界中,皂荚种子需要经过至少 12～15 个月的沤化才能出芽,发芽率仅 50% 以下。故播种前必须进行催芽处理。

于播种前 7 d 左右,将干藏越冬的种子经过筛选、去杂、去瘪后,用硫酸处理。具体为:把经过筛选的种子置入塑料盆中,加入浓度为 95% 的硫酸(每 100 kg 种子用 5～8 kg 硫酸),用铁锨翻匀并不断翻动搅拌处理 40～50 min,待种子由红褐色变为深红色时,用清水冲洗种子,直至冲洗种子后的清水 pH 接近 7。用 50 ℃ 水浸泡 2～3 d,每天换一次水,筛选出吸水膨胀的种子,在整理好的沙床上播种。此法发芽率高,发芽整齐。多日不能吸水膨胀的硬粒皂荚种子可重复上述过程。

5.4.1.3　整床及播种

沙床应选择在背风、向阳、地势较高、不积水的地方。播种前7~10 d整好沙床,沙床宽1.2~2 m、长10~20 m,根据地形而定,在平坦地面上先垫一层厚10~15 cm的干净湿河沙,每平方米用50%多菌灵可湿性粉剂5 g进行消毒。在4月上中旬把处理好的种子均匀撒播在上面,种子尽量避免重叠,再盖上厚约10 cm的湿河沙,用清水喷透沙床,然后盖上薄膜或麦秸,沙床要保持湿润。如发现湿度不够,应及时喷水。待种子发芽,长到7~10 cm长时,芽苗即可作为砧木进行嫁接。

5.4.2　接穗的选取

剪取直径0.2~0.5 cm的皂荚良种树木当年生半木质化健壮嫩枝,去掉嫩刺、嫩梢作为接穗。通风保湿运输,随采随用。

5.4.3　嫁接

5.4.3.1　起砧

4月中下旬砧木培育完成,当皂荚种子发芽,长到7~10 cm时,芽苗作为砧木,用手轻轻挖起,再用清水将砧木上的沙子冲洗干净。洗净后用70%甲基托布津可湿性粉剂800倍液(质量倍)浸泡20 min,取出放在透水的塑料筐内,沥干水分备用。起砧时注意轻拿轻放,不要损伤折断砧木的芽和根。

5.4.3.2　削穗

选取接穗上饱满的叶芽,用75%的酒精消过毒的锋利单面刀片在叶芽下部1.0~1.5 cm处两侧下刀,削成双面楔形,削面长0.5~1.0 cm,再在叶芽上部1.0~1.5 cm处切断,接穗上留取3~4片叶子,将削好的接穗放入装有 1% ~ 3% (质量百分比)白糖水的盆内备用。

5.4.3.3　削砧

用 75% 酒精消过毒的锋利单面刀片在芽苗初生根上部胚轴 2 ~ 3 cm 处切断,对准中央纵切下一刀,深 0.7 ~ 1.2 cm,芽苗根部保留 4 ~ 6 cm,多余部分切除,即完成削砧。

5.4.3.4　插穗和包扎

将削好的接穗插入砧木的切口内,使形成层对齐,用 1 cm × 3.5 cm 的铝箔片将嫁接部位卷紧即可,但不能将砧木压折。将嫁接好的苗木放在阴凉处的箩筐内,并用湿布盖好,避免日光照射,以备统一栽植。

5.4.4　嫁接苗栽植

5.4.4.1　架设荫棚

栽植皂荚嫁接苗的圃地必须设有荫棚,荫棚高 1.6 ~ 1.9 m,遮荫度在 70% ~ 90%。

5.4.4.2　栽植

将装好基质(蛭石:珍珠岩:草炭土 = 1:1:1,质量比)的营养袋整齐摆放在苗床上,营养袋之间不能有空隙,摆放宽度 1 ~ 1.2 m,两边用砖或土围紧,提前用水将营养袋浇透,并用 50% 多菌灵可湿性粉剂 400 倍液喷洒消毒。右手用经过消毒的竹签,插入准备好的营养袋中部基质 5 cm,向一边轻拨,左手用拇指和食指捏紧嫁接苗的铝箔片,轻轻将嫁接苗根部放入基质中,抽出竹签,填土并用手压实,用喷壶浇透水,然后盖上薄膜,四周用土压紧密封。

5.4.5　嫁接苗管理

5.4.5.1　温度、湿度管理

嫁接苗栽入营养袋浇透水后,苗床外立即搭建拱棚覆盖塑料薄

膜,保持相对湿度85%以上,温度白天保持在25 ℃左右(不超过30
℃),夜间保持在20 ℃左右(不低于15 ℃)。一直闭棚20 d 左右,中
间间隔2~3 d揭开一小口,检查温湿度和墒情,一般不会出现缺水。
如发现缺水,及时浇水;如天气晴好,棚内温度超过30 ℃,及时在温
棚薄膜上洒水降温或加盖遮阳网。一般20 d 后嫁接口可愈合,接穗
开始萌芽抽叶。此时可以早晚适当揭开拱棚两头通风,逐步降低温
湿度,经过10 d 左右的炼苗,温棚塑料薄膜可以去掉,遮阳网要一直
保留到60 d 后,苗木进入正常管理。

5.4.5.2　喷水与追肥

嫁接苗床,既不能积水也不能缺水,如发现苗床缺水,应及时喷
灌。注意只能用喷壶喷灌不能漫灌。每揭开一次薄膜时都要喷一次
水,喷水量根据苗床湿度而定。当嫁接苗生长到3~5 cm 高时,可以
结合喷灌追施浓度0.2%的尿素水或者叶面宝等叶面营养肥。

5.4.6　小结

皂荚芽苗嫩枝嫁接方法的核心:主要是将皂荚种子经筛选、催芽
等处理后,待种子发芽长到7~10 cm 但尚未展叶前的幼芽苗作为砧
木,以皂荚良种当年生半木质化枝条作为接穗,采用劈接法进行嫁接
的一种新型繁殖方法。经过在郑州、商城、嵩县等地广泛试验,成活
率已经达到90%,成本降低50%,缩短了良种苗木培育年限,可轻松
实现当年播种、当年嫁接、当年出圃,可以发展为皂荚良种苗规模化
繁育嫁接方法之一,极具推广应用价值。

第6章 皂荚高效栽培关键技术

6.1 栽植密度与整形修剪

栽植密度即是单位面积上栽植苗木的株数。栽植密度决定了群体结构,影响着光能利用、地力利用,直接关系着产量高低,是皂荚林栽培中重要技术因素之一。适当密植增加叶面积,充分利用光能,减少空闲地面,合理利用地力。密度加大,虽免受阳光直射林内,保持林地湿润,提高土壤肥力,但并不是越密越好,是有一定幅度的。

皂荚林单位面积产量就是该面积上每一单株产量的总和,株数乘以单株平均产量即总产量。从中看出,密度大,总产量高。这种关系在一定范围内是正相关,超越一定的范围就成为负相关。另一个是单株产量高,总产量高。单株产量高低与另外一些生产因素(品种、立地条件、经营水平)也有密切关系,立地条件好、经营水平高,皂荚单株产量也明显提高。

皂荚的整形与修剪是互相联系的,不可能将其明确分开,整形是形成丰产稳产的树形骨架,但必须通过修剪来进行维持,所以是互相联系、不可分割的整体措施。通过整形修剪的调节,使树体构成合理,充分利用空间,更有效地进行光合作用,促进营养生长。调节养分和水分的转运分配,防止树体疯长。因此,整形与修剪,对于皂荚幼树提早成形,大树丰产稳产、提高品质,老树更新复壮延长丰产期、推迟衰老期和减少病虫害发生,都起着良好的作用。

皂荚栽培密度及整形修剪技术是皂荚丰产高效的关键技术之一,也是本研究的重要内容。

6.1.1　试验地概况

试验地分布在河南省北部博爱县金城乡西张茹村。试验地自然概况同2.1节。

6.1.2　试验布置

6.1.2.1　试验地设置

2008年在博爱县金城乡西张茹村,设置40亩的连片试验地,开展了皂荚最佳栽培密度模式、研究对比试验。试验地分成4个经营区,每个区面积10亩,在各区按株行距1.5 m×2 m、2 m×3 m、3 m×4 m、4 m×6 m 4种不同栽培密度营造'硕刺'皂荚纯林,以进行不同密度栽植模型的对比试验;把每个经营区再划分成2个小区,每个小区5亩,对这2个小区分别采用主干型和疏散分层型的整形方式进行经营,以进行不同整形方式的对比试验;在不影响皂荚生长的情况下,在林下进行花生套种,以进行各模型能达到的最大经济效益的分析对比。

6.1.2.2　营造林设计

用1年生'硕刺'皂荚嫁接苗造林,采用穴状整地,整地规格为0.6 m×0.6 m×0.6 m。

主干型分不同造林密度设计4个营造模型,模型 Ⅰ - z(1.5 m×2 m)、模型Ⅱ - z(2 m×3 m)、模型Ⅲ - z(3 m×4 m)、模型Ⅳ - z(4 m×6 m)。主干型的培养在定植后距地面40~60 cm定干,2~3年可成型。

疏散分层形分不同造林密度设计 4 个营造模型,模型 Ⅰ – s (1.5 m×2 m)、模型 Ⅱ – s(2 m×3 m)、模型 Ⅲ – s(3 m×4 m)、模型 Ⅳ – s(4 m×6 m)。疏散分层形的培养,定植后距地面 40 ~ 60 cm 定干,3 ~ 4 年内可成型。

1. 疏散分层型

主干高 1.2 ~ 1.5 m,有明显的中心干,中心干上面着生 6 ~ 8 个主枝,分 3 ~ 4 层排列。第一层 3 个主枝,层内距 30 ~ 40 cm。第二层 2 ~ 3 个主枝,层内距 20 ~ 30 cm。第三层 1 ~ 2 个主枝,层内距 15 ~ 20 cm。主枝数随层次增加逐渐减少。第一层与第二层间距 1 ~ 1.2 m,第二层与第三层间距 0.8 ~ 1 m,第三层与第四层间距 0.7 ~ 0.9 m,每个层主枝上分两侧着生侧枝,侧枝前后距 30 ~ 50 cm。主枝基部与中心干呈 50° ~ 60°角。该树形树冠高大,主枝多,层次明显,内腔不易光秃,产量高,主干刺和小枝刺重量比为 7∶3。适宜树势强健、干性强的品种及土壤肥沃的地方。但是成形慢,需 3 ~ 4 年。

技术要点:第一年冬季修剪在主干 1.5 ~ 1.8 m 处选留第一层 2 ~ 3 个主枝,主枝截留 40 ~ 50 cm。中心干截留 50 ~ 60 cm。其余枝条全部疏除。第二年冬季修剪继续选留第一层主枝和第二层 2 个主枝。第三年冬季修剪完成第三层和第四层主枝。若完不成,待第四年冬季继续培养。夏季修剪时将主枝以下枝条全部疏除,主枝长 60 ~ 70 cm 时摘心。

2. 主干型

主干高 2.2 ~ 3.0 m,冠幅 1.2 ~ 2.5 m。有明显的中心干,中心干上面直接着生一级分枝,15 ~ 20 cm 一个,一般 20 ~ 25 个,分枝角度 60° ~ 70°。该树形整形容易,成形快,前期产刺量大,主干刺和小枝刺重量比为 9∶1。适应干性强的品种和立地条件好、密度大的园。

但后期中心干容易衰弱,要加强中心干的培养管理。

技术要点:定植后距地面 40~60 cm 定干,在前几年冬季修剪时,选留主干上生长旺盛且直立的枝条不短截,作为中心干,在中心干距地面 2.2~2.5 m 处开始打顶,促使主干粗生长,每年剪除主干侧枝采刺。连续 2~3 年即可成形。

3. 修剪

皂荚修剪一般在落叶后,结合棘刺的采收进行。疏枝、除萌、摘心等在皂荚生长季进行,疏枝和摘心对皂荚刺影响较为明显。

各模型设计见表 6-1。

花生采用春播地膜覆盖栽培,一般在 3 月下旬开始。播种时土壤墒情必须充足。播种深度 3~4 cm 为宜。密度应视土壤肥力和品种而定,一般肥力较好的地块,中熟大粒花生每亩应在 9 000 穴,18 000 株左右,中早熟中籽粒花生每亩 10 000~11 000 穴,达 20 000~22 000 株,基本控制在 15 cm × 27 cm 为宜(垄作)。播种后盖土,做到地面平整便于盖膜。其经营方式按正常花生生产经营。

6.1.2.3 技术经济指标

依据河南省的市场价格和人工费用平均水平,确定各项技术经济指标。

造林费用:包括水电燃料费、苗木费、农药、化肥等材料费;林地清理、整地、栽植、抚育、管护等劳务费;技术培训、租地等其他费用。各模型造林每亩单价主要技术经济指标见表 6-2。

总成本费用:总成本费用包括水电燃料费、农药、肥料抚育管护及采撷费用、租地费用等。皂荚刺采撷费用按 7 元/kg 计算;在同等条件下,'硕刺'皂荚纯林按疏散分层型经营的,其抚育、管护、采撷费用相对要高出 10%~20%。各模型的总成本费用见表 6-3。

表 6-1 各造林密度和整形方式模型设计

模型	树种（物种）	配置方式	苗木			造林密度（m）	整地		
			苗龄	种类	高度（m）		方式	规格（m）	时间
模型Ⅰ－n/模型Ⅰ－s	'硕刺'皂荚	带状间作	1 年生	嫁接苗	1.8	1.5×2	穴状	0.6×0.6×0.6	冬季
模型Ⅱ－n/模型Ⅱ－s	'硕刺'皂荚	带状间作	1 年生	嫁接苗	1.8	2×3	穴状	0.6×0.6×0.6	冬季
模型Ⅲ－n/模型Ⅲ－s	'硕刺'皂荚	带状混交	1 年生	嫁接苗	1.8	3×4	穴状	0.6×0.6×0.6	冬季
模型Ⅳ－n/模型Ⅳ－s	'硕刺'皂荚	纯林	1 年生	嫁接苗	1.8	4×6	穴状	0.6×0.6×0.6	冬季

续表 6-1

模型	树种(物种)	配置方式	栽植		施肥	病虫害防治	灌溉	幼林抚育	整形
			时间	抗旱措施	基肥、追肥(kg/穴)				
模型Ⅰ-z / 模型Ⅰ-s	'硕剌'皂荚	带状间作	春季	生根粉蘸根	1~3年内,1年2次,每次施基肥土杂肥25,追肥合肥0.25;3年后,1年1次,施基肥土杂肥50,追肥复合肥0.5	1年2次	每年4~5次	2-2	主干型/疏散分层型
模型Ⅱ-z / 模型Ⅱ-s	'硕剌'皂荚	带状间作	春季	生根粉蘸根	1~3年内,1年2次,每次施基肥土杂肥25,追肥合肥0.25;3年后,1年1次,施基肥土杂肥50,追肥复合肥0.5	1年2次	每年4~5次	2-2	主干型/疏散分层型
模型Ⅲ-z / 模型Ⅲ-s	'硕剌'皂荚	带状混交	春季	生根粉蘸根	1~3年内,1年2次,每次施基肥土杂肥25,追肥合肥0.25;3年后,1年1次,施基肥土杂肥50,追肥复合肥0.5	1年2次	每年4~5次	2-2	主干型/疏散分层型
模型Ⅳ-z / 模型Ⅳ-s	'硕剌'皂荚	纯林	春季	生根粉蘸根	1~3年内,1年2次,每次施基肥土杂肥25,追肥合肥0.25;3年后,1年1次,施基肥土杂肥50,追肥复合肥0.5	1年2次	每年4~5次	2-2	主干型/疏散分层型

表6-2 各模型造林每亩单价主要技术经济指标

序号	项目	规格、型号(结构)	单位	单价(元)	模型 I 密度1.5 m×2 m		模型 II 密度2 m×3 m	
					数量	投资(元)	数量	投资(元)
	合计					9 343		6 031
1	材料费					8 143		4 131
1.1	水电燃料费		亩	100.0	1	100	1	100
1.2	苗木	一年生嫁接苗	株	12.0	256	3 072	128	1 536
1.3	农药		亩	20.0	1	20	1	20
1.4	肥料					4 951		2 475
	复合肥等		kg	2.3	222	511	111	255
	有机肥		kg	0.4	11 100	4 440	5 550	2 220
2	劳务费					1 200		960
2.1	林地清理	割灌除草	工日	80.0	2	160	2	160
2.2	整地		工日	80.0	5	400	4	320
2.3	栽植		工日	80.0	3	240	2	160
2.4	抚育、管理	中耕除草	工日	80.0	2	160	1	80
2.5	管护		年	240.0	1	240	1	240
3	其他费用							940
3.1	技术培训、指导费		项	40.0	1	40	1	40
3.2	租地费		亩	900.0	1	900	1	900

续表 6-2

序号	项目	规格、型号(结构)	单位	单价(元)	模型Ⅲ 密度 3 m×4 m		模型Ⅳ 密度 4 m×6 m	
					数量	投资(元)	数量	投资(元)
	合计					4 027		2 943
1	材料费					2 127		1123
1.1	水电燃料费		苗	100.0	1	100	1	100
1.2	苗木	一年生嫁接苗	株	12.0	64	768	32	384
1.3	农药		亩	20.0	1	20	1	20
1.4	肥料		kg	2.3	2 831	1 239	1 416	619
	复合肥等		kg	2.3	56	129	28	64
	有机肥		kg	0.4	2 775	1 110	1 388	555
2	劳务费					960		880
2.1	林地清理	割灌除草	工日	80.0	2	160	2	160
2.2	整地		工日	80.0	4	320	4	320
2.3	栽植		工日	80.0	2	160	1	80
2.4	抚育、管理	中耕除草	工日	80.0	1	80	1	80
2.5	管护		年	240.0	1	240	1	240
3	其他费用					940		940
3.1	技术培训、指导费		项	40.0	1	40	1	40
3.2	租地费		亩	900.0	1	900	1	900

表 6-3　各模型每亩营造林总成本

（单位：元）

模型	合计	第 1 年	第 2 年	第 3 年	第 4 年	第 5 年	第 6 年	第 7 年	第 8 年	第 9 年
						年份				
模型Ⅰ - z	78 840	10 260	7 669	8 721	8 614	8 731	8 697	8 692	8 709	8 747
模型Ⅱ - z	52 289	6 951	4 924	5 470	5 707	5 758	5 767	5 813	5 894	6 005
模型Ⅲ - z	36 893	4 947	3 613	3 885	3 981	4 039	4 025	4 052	4 120	4 231
模型Ⅳ - z	28 811	3 864	2 933	3 048	3 068	3 077	3 118	3 168	3 230	3 305
模型Ⅰ - s	89 683	10 260	8 952	10 003	9 978	10 104	10 075	10 074	10 097	10 140
模型Ⅱ - s	55 852	6 951	5 309	5 856	6 155	6 212	6 228	6 281	6 370	6 490
模型Ⅲ - s	39 445	4 947	3 875	4 147	4 292	4 359	4 355	4 394	4 475	4 601
模型Ⅳ - s	30 755	3 864	3 133	3 248	3 299	3 316	3 368	3 431	3 510	3 586

套种花生的按每亩投入900元计算,随着皂荚林的生长,花生的可套种面积减少,其投入减少,产量降低。花生采撷费用按收入的2%计算。

6.1.2.4　产品产量及产值测定

在试验样地建立后,每年对产品产量进行测定。

在每年的10～11月收获皂荚刺时,分模型在各试验样地抽取3～4个标准行,采收后晾干,分大刺、小刺测定其产量,并以此测出每亩大、小刺产量;花生是测定的干果产量。产品价格参考近几年市场价,按相对低于市场价20元的价格计算。

各模型每亩产品产量及价格见表6-4。

6.1.2.5　分析方法

'硕刺'皂荚7年后已经进入稳产期,所以各模型每亩成本费用、收入、净利润和皂荚刺产量取表6-4中第7年、第8年、第9年数据的平均值。见表6-5。

对表6-5各模型每亩成本费用、收入、利润和皂荚刺产量的平均值进行分析,筛选'硕刺'皂荚栽培的最佳密度和整形方式。

6.1.3　结果与分析

6.1.3.1　试验数据分析

1. 最佳栽植密度的筛选分析

对表6-5的试验数据,按整形类型的不同,分成两组数据进行分析,筛选出最佳栽植密度和整形方式。第一组数据包括模型Ⅰ-z、模型Ⅱ-z、模型Ⅲ-z、模型Ⅳ-z,这一组为主干形整形方式数据;第二组数据包括模型Ⅰ-s、模型Ⅱ-s、模型Ⅲ-s、模型Ⅳ-s,这一组为疏散分层形整形方式数据。每组各包括1.5 m×2 m、2 m×3 m、3 m×4 m、4 m×6 m四种栽植密度的数据。

表6-4 各模型每亩产品产量及价格

（单位：kg）

模型	产品		单价（元）	年份								
				第1年	第2年	第3年	第4年	第5年	第6年	第7年	第8年	第9年
模型 I-z		小计			61.9	223.8	219.3	245.6	257.9	270.8	284.3	298.5
	'硕刺'皂荚	大刺	75		31.0	111.9	175.4	196.5	206.3	203.1	213.2	223.9
		小刺	45		30.9	111.9	43.9	49.1	51.6	67.7	71.1	74.6
	'宛花2号'花生		2.5	335.8	302.2	272.0	244.8	220.3	176.2	141.0	112.8	90.2
模型 II-z		小计			34.4	124.3	168.7	185.6	204.2	224.6	247.1	271.8
	'硕刺'皂荚	大刺	75		17.2	62.2	135.0	148.5	163.4	179.7	197.7	217.4
		小刺	45		17.2	62.1	33.7	37.1	40.8	44.9	49.4	54.4
	'宛花2号'花生		2.5	395.0	355.5	320.0	288.0	259.2	207.4	165.9	132.7	106.2
模型 III-z		小计			17.2	62.3	81.8	95.7	112.0	131.0	153.3	179.4
	'硕刺'皂荚	大刺	75		8.6	31.2	65.4	76.6	89.6	104.8	122.6	143.5
		小刺	45		8.6	31.1	16.4	19.1	22.4	26.2	30.7	35.9
	'宛花2号'花生		2.5	400.0	380.0	361.0	343.0	325.9	270.5	224.5	186.3	154.6
模型 IV-z		小计			8.6	31.1	40.0	46.4	53.8	62.4	72.4	84.0
	'硕刺'皂荚	大刺	75		4.3	15.6	32.0	37.1	43.0	49.9	57.9	67.2
		小刺	45		4.3	15.5	8.0	9.3	10.8	12.5	14.5	16.8
	'宛花2号'花生		2.5	410.0	389.5	370.0	351.5	333.9	327.2	320.7	314.3	308.0

续表 6-4

模型	产品	单价(元)	年份								
			第1年	第2年	第3年	第4年	第5年	第6年	第7年	第8年	第9年
模型 I-s	小计			61.9	223.8	230.9	258.6	271.5	285.1	299.4	314.4
	大刺	75		31.0	111.9	161.6	181.0	190.1	199.6	209.6	220.1
	小刺	45		30.9	111.9	69.3	77.6	81.4	85.5	89.8	94.3
	'宛花2号'花生	2.5	335.8	302.2	272.0	244.8	220.3	176.2	141.0	112.8	90.2
模型 II-s	小计			34.4	124.3	177.6	195.4	214.9	236.4	260.0	286.0
	大刺	75		17.2	62.2	124.3	136.8	150.4	165.5	182.0	200.2
	小刺	45		17.2	62.1	53.3	58.6	64.5	70.9	78.0	85.8
	'宛花2号'花生	2.5	395.0	355.5	320.0	288.0	259.2	207.4	165.9	132.7	106.2
模型 III-s	小计			17.2	62.3	88.9	104.0	121.7	142.4	166.6	194.9
	大刺	75		8.6	31.2	62.2	72.8	85.2	99.7	116.6	136.4
	小刺	45		8.6	31.1	26.7	31.2	36.5	42.7	50.0	58.5
	'宛花2号'花生	2.5	400.0	380.0	361.0	343.0	325.9	270.5	224.5	186.3	154.6
模型 IV-s	小计			8.6	31.1	44.5	52.5	62.0	73.2	86.4	99.4
	大刺	75		4.3	15.6	31.2	36.8	43.4	51.2	60.5	69.6
	小刺	45		4.3	15.5	13.3	15.7	18.6	22.0	25.9	29.8
	'宛花2号'花生	2.5	410.0	389.5	370.0	351.5	333.9	327.2	320.7	314.3	308.0

表6-5　各模型每亩成本费用、收入、利润和皂荚刺产量平均值

模型	成本费用（元）	收入（元）	纯利润（元）	皂荚刺产量（kg）		
				合计	大刺	小刺
模型Ⅰ－z	8 716	19 494	10 778	281.7	213.4	71.1
模型Ⅱ－z	5 590	17 439	11 849	247.9	198.3	49.6
模型Ⅲ－z	4 134	11 136	7 002	154.5	123.6	30.9
模型Ⅳ－z	3 215	5 819	2 604	75.6	58.3	14.6
模型Ⅰ－s	10 104	20 063	9 959	299.7	209.8	89.9
模型Ⅱ－s	6 380	17 550	11 170	260.8	182.6	78.2
模型Ⅲ－s	4 490	11 557	7 067	168.0	117.6	50.4
模型Ⅳ－s	3 509	6 483	2 974	86.3	60.4	25.9

　　通过对两组数据分析,可以得出:①造林密度越高,成本费用越大;②造林密度越高,收入越大;③造林密度越高,皂荚刺产量越高;④造林密度为 2 m×3 m 的模型净利润最大;⑤按收入与成本比排序,第一组为模型Ⅱ－z(3.1) >模型Ⅲ－z(2.7) >模型Ⅰ－z(2.2) >模型Ⅳ－z(1.8),第二组为模型Ⅱ－s(2.8) >模型Ⅲ－s(2.6) >模型Ⅰ－s(2.0) >模型Ⅳ－s(1.8),两组的结果是一致的。

　　从净利润和成本费用来看,栽植密度为 2 m×3 m 的模型Ⅱ－z、模型Ⅱ－s,在各自组中其净利润比排名第二的模型Ⅰ－z、模型Ⅰ－s高出 1 071 元、1 211 元,其成本费用则比净利润排名第二的模型Ⅰ－z、模型Ⅰ－s低 3 126 元、3 724 元。所以,'硕刺'皂荚最佳栽植密度为 2 m×3 m。

2. 两种整形方式的优劣分析

对表 6-5 的试验数据,按栽植密度的不同,分成四组数据进行分析,筛选出各栽植密度的最好整形方式。第一组为 1.5 m×2 m 密度的数据比较,包括模型 Ⅰ-z 和模型 Ⅰ-s;第二组为 2 m×3 m 密度的数据比较,包括模型 Ⅱ-z 和模型 Ⅱ-s;第三组为 3 m×4 m 密度的数据比较,包括模型 Ⅲ-z 和模型 Ⅲ-s;第四组为 4 m×6 m 密度的数据比较,包括模型 Ⅳ-z 和模型 Ⅳ-s。每组数据中都包括一个主干型和一个疏散分层型整形方式。

通过对两组数据之间对比分析,可以得出:①同一密度和立地条件下,疏散分层形的营林成本费用高于主干型,按第一组、第二组、第三组、第四组排序,依次高出 15.92%、14.13%、8.61%、9.14%;②同一密度和立地条件下,疏散分层型的收入高于主干型,按第一组、第二组、第三组、第四组排序,依次高出 2.92%、0.64%、3.78%、11.41%;③同一密度和立地条件下,第一组(1.5 m×2 m)、第二组(2 m×3 m)主干型的净利润高于疏散分层型,分别高出 8.22% 和6.08%;第三组(3 m×4 m)、第四组(4 m×4 m)疏散分层型的净利润高于主干型,分别高出 0.93% 和 14.21%;④同一密度和立地条件下,疏散分层型的皂刺产量高于主干型,按第一组、第二组、第三组、第四组排序,依次高出 6.01%、4.95%、8.04%、12.40%;⑤同一密度和立地条件下,主干型的大刺含量高于疏散分层型 10% 左右。

6.1.3.2 修剪对皂荚刺产量的影响

2016 年对疏枝和摘心修剪影响皂荚刺的试验观测,认为疏枝和摘心对提高皂荚刺产量有显著作用,如表 6-6 所示。

表 6-6 摘心、疏枝对皂荚刺的影响

修剪	序号	枝条粗度 (mm)	枝条长度 (cm)	枝条结刺长度 (cm)	刺粗度 (mm)	刺长度 (cm)	刺重 (g)	刺数量 (个)	单枝刺重 (g)	枝条结刺重 (g)
摘心、疏枝	1	12.14	96	94	4.88	5.97	1.01	35	35.70	1 249.50
	2	10.44	98	95	4.51	6.61	0.98	32	31.49	1 007.68
	3	8.01	75	75	4.35	5.48	0.95	29	27.67	802.43
不摘心、疏枝	1	10.97	129	96	3.86	3.80	0.48	41	19.68	806.88
	2	10.62	136	98	4.67	4.42	0.42	43	18.15	780.45
	3	8.07	105	75	4.24	5.30	0.52	38	19.68	747.84

6.1.3.3　修剪对皂荚果产量的影响

经过在南召、博爱对果用皂荚试验林研究表明,圆柱形树体为果用皂荚较适宜树形。

6.1.4　小结

从净利润和成本费用来看,'硕刺'皂荚的最佳栽植密度为 2 m×3 m;在栽植密度为 1.5 m×2 m、2 m×3 m 时,主干型整形明显优于疏散分层型整形;在栽植密度为 3 m×4 m 时,疏散分层型整形稍优于主干型整形,但其优势不明显;在栽植密度为 4 m×6 m 时,疏散分层型整形显著优于主干型整形,说明当栽植密度很小时,疏散分层型整形方式更有利于皂荚的树体生长;适当的疏枝和摘心等修剪技术能显著提高皂荚刺的产量。'豫林 1 号'皂荚的最佳栽植密度为1.5 m×3 m,适宜树形为圆柱形树体。

6.2　肥水管理

6.2.1　施肥

6.2.1.1　施肥原则

一是按照《绿色食品肥料使用准则》(NY/T 394—2013)规定执行,所施用的肥料为农业行政主管部门登记的肥料或免于登记的肥料,不会对园地环境和棘刺品质产生不良影响,同时根据皂荚的需肥规律进行平衡配方施肥;二是肥料以有机肥为主、化肥为辅,提高土壤肥力,增加土壤生物活性。

6.2.1.2 施肥时期和方法

1. 基肥

初冬棘刺采收后施入,以有机肥为主,并与磷、钾肥混合,宜采用以沟施为主,结合穴施及撒施。沟施应开挖深 40 ~ 60 cm、宽 30 ~ 40 cm 的施肥沟,施入肥料和土掺匀。1 ~ 3 年幼树每株施农家肥 15 ~ 25 kg、磷钾复合肥 0.15 ~ 0.25 kg。4 年以上树每株施农家肥 30 ~ 50 kg、磷钾复合肥 0.25 ~ 0.75 kg。

2. 叶面喷肥

全年 2 ~ 3 次,一般生长前期以氮肥为主,后期以磷、钾肥为主,结合皂荚新梢及棘刺生长发育期所需的微量元素。常用肥料浓度为:0.1% ~ 0.3% 硼砂、0.3% ~ 0.5% 尿素、0.2% ~ 0.3% 磷酸二氢钾,氨基酸类叶面肥 600 ~ 800 倍液。

3. 追肥

萌芽期至新梢生长期要以氮、磷肥为主,棘刺转色期要以磷、钾肥为主。追肥宜采用根际条施、穴施,肥料和土壤掺匀后覆土。1 ~ 3 年幼树每株每次施氮肥 0.2 ~ 0.3 kg、磷钾复合肥 0.15 ~ 0.25 kg。4 年以上树每株每次施氮肥 0.25 ~ 0.75 kg、磷钾复合肥 0.3 ~ 0.75 kg。

在整地回填土时每穴施有机肥 25 ~ 50 kg,与表土混匀后填入穴底部做基肥,有利于根系直接吸收,改善土壤结构、理化性质等。但是,随着皂荚树的不断生长,需要持续追肥,以满足正常营养生长和生殖生长需要的养分。追肥方法主要有以下几种:

(1)环状施肥。在树冠投影的外缘地上,挖一条宽 30 ~ 50 cm、深 30 ~ 40 cm 的环状沟,将肥料均匀撒入沟内。农家肥和厩肥可以埋深,复合肥和氮、磷、钾、微肥要浅埋,最好能结合灌溉或降雨进行,效果最好。此法适宜丰产前、培养树形的幼树。大树施基肥也可。

（2）穴状施肥。以树干为中心，在距离树冠半径 1/2 处的圆环上，挖若干个穴，分布要均匀，将肥料施入穴内，埋好踏实，穴大小根据施肥量确定。此法适宜大树或者立地条件差、生境破碎的皂荚林。

（3）放射沟状施肥。以树冠投影边缘为准，从不同方向向树干基部挖 4～8 条放射状沟，通常沟长 1 m 左右，沟宽 30～50 cm，由外向内逐渐缩窄，深度根据施肥种类及数量确定，一般 20～30 cm，由内向外逐渐加深。施肥沟的位置要每年变换，并随着树冠的扩大而外移。一般树冠较大的树适宜此法。

（4）条状沟施肥。在皂荚树的行间或株间，分别在树冠相对的两侧，沿树冠投影的边缘挖两条相对平行的沟，从树冠外缘向内挖，沟宽 40～50 cm，长度视树冠大小而定。郁闭度较高的皂荚林，一般可以使用机械将条状沟做成连续的施肥沟，既简单又省工，效果还好。

（5）表面撒肥。皂荚郁闭度高的林下，均匀地将肥料撒在表面上，然后浅翻，将肥料和表土混合，便于根系吸收。此法简单易行，同时结合中耕，可以一举两得，省工省钱，是大树常用的方法。缺点是施肥量大，有些浪费，施肥较浅，会把大树小根引向表层生长。

6.2.2 水分管理

皂荚的抗旱能力比较强，但干旱地区和有灌溉条件的地区要根据情况一年灌水 3～4 次，才能保证树体正常生长。年周期内，自萌芽到 5 月中旬，正值萌芽、新梢及棘刺生长时期，树体对养分、水分的需求迫切，因此这一时期灌水非常必要。棘刺采收后，灌水有利于营养储藏和提高刺芽质量，增强树体越冬抗寒能力，可结合施基肥灌一次水。

依据降水(气候条件)、树龄和产量,在萌芽期至新梢生长期和入冬前均需要充足的水分供应,要采取灌溉措施,保证水分的需要。在信阳、南阳降水量大,雨季容易积水,需要及时排水;在地势低洼不平的园地,要挖排水沟排除积水。

6.2.3　小结

皂荚根系发达,耐干旱、贫瘠,对土壤要求不严。在栽培管理中,栽植密度以 3 m×2 m 为宜;皂荚的主干型整形和对春、夏枝进行摘心打头、去除秋梢的修剪技术方法为皂荚高效栽培的主要环节;栽培前挖大穴(60 cm×60 cm×60 cm),施足底肥,50 kg 农家肥和熟土充分搅拌施入坑底再栽植皂荚,皂荚成活后 2 年 1 次,采用沟施、穴施、条施、环状施等施肥方法;皂荚一年灌水 3～4 次,年周期内,自萌芽前灌水 1 次,4、5 月棘刺膨大期灌水 1 次,棘刺采收后,可结合施基肥灌 1 次水。

6.3　主要病虫害及综合防治

6.3.1　病害及防治

6.3.1.1　立枯病

幼苗感染后根茎部变褐枯死,成年植株受害后,从下部开始变黄,然后整株枯黄以致死亡。

防治方法:该病为土壤传播,应实行轮作;播种前,种子用多菌灵800 倍液杀菌;加强田间管理,增施磷、钾肥,使幼苗健壮,增强抗病力;出苗前喷 1∶2∶200 波尔多液 1 次,出苗后喷 50% 多菌灵溶液

1 000倍液2~3次,保护幼苗;发病后及时拔除病株,病区用50%石灰乳消毒处理。

6.3.1.2　炭疽病

主要危害叶片,也能危害茎。叶片上病斑圆形或近圆形,灰白色至灰褐色,具红褐色边缘,其上生有小黑点;后期病斑破碎形成穿孔,病斑可连接成不规则形。发病严重时能引起叶枯。茎、叶柄和花梗感病形成长条形病斑。秋季生长在潮湿地段上的植株发病严重。

防治方法:将病株残体彻底清除并集中销毁,减少侵染源;加强管理,保持良好的透光通风条件;发病期间可喷施1∶1∶100波尔多液,或65%代森锌可湿性粉剂600~800倍液。

6.3.1.3　褐斑病

褐斑病是一种真菌性病害。主要侵害叶片,并且通常是下部叶片开始发病,后逐渐向上部蔓延。发病初期病斑为大小不一的圆形或近圆形,少许呈不规则形;病斑为紫黑色至黑色,边缘颜色较淡;随后病斑颜色加深,呈现黑色或暗黑色,与健康部分分界明显;后期病斑中心颜色转淡,并着生灰黑色小霉点。发病严重时,病斑连接成片,整个叶片迅速变黄,并提前脱落。褐斑病一般初夏开始发生,秋季危害严重。在高温多雨,尤其是暴风雨频繁的年份或季节易暴发;通常下层叶片比上层叶片易感染。

防治方法:及早发现,及时清除病枝、病叶,并集中烧毁,以减少病菌来源;加强栽培管理、整形修剪,使植株通风透光;发病初期,可喷洒50%多菌灵可湿性粉剂500倍液,或65%代森锌可湿性粉剂1 000倍液,或75%百菌清可湿性粉剂800倍液。

6.3.1.4　白粉病

白粉病是一种真菌性病害。主要危害叶片,并且嫩叶比老叶容易被感染,也危害枝条、嫩梢、花芽及花蕾。发病初期,叶片上出现白色小粉斑,扩大后呈圆形或不规则形褪色斑块,上面覆盖一层白色粉状霉层,后期白粉状霉层会变为灰色。花受害后,表面被覆白粉层。受白粉病侵害的植株会变得矮小,嫩叶扭曲、畸形、枯萎,叶片不开展、变小,严重时整个植株都会死亡。

防治方法:对重病的植株可以在冬季剪除所有当年生枝条并集中烧毁,从而彻底清除病源;田间栽培要控制好栽培密度,并加强日常管理,注意增施磷、钾肥,控制氮肥的施用量,以提高植株的抗病性;注意选用抗病品种;发病严重的地区,可在春季萌芽前喷洒波美3~4度石硫合剂;生长季节发病时可喷洒80%代森锌可湿性粉剂500倍液,或70%甲基托布津1 000倍液,或20%粉锈宁(即三唑酮)乳油1 500倍液,以及50%多菌灵可湿性粉剂800倍液。

6.3.1.5 煤污病

煤污病又名煤烟病,主要侵害叶片和枝条,病害先是在叶片正面沿主脉产生,后逐渐覆盖整个叶面,严重时叶片表面、枝条甚至叶柄上都会布满黑色煤粉状物,这些黑色粉状物会阻塞叶片气孔,妨碍正常的光合作用。

防治方法:加强栽培管理,合理安排种植密度;及时修剪病枝和多余枝条,以利于通风、透光;对上年发病较为严重的田块,可在春季萌芽前喷洒波美3~5度的石硫合剂,以消灭越冬病源;对生长期遭受煤污病侵害的植株,可喷洒70%甲基托布津可湿性粉剂1 000倍液,或50%多菌灵可湿性粉剂1 000倍液,以及77%可杀得可湿性粉剂600倍液等进行防治。

6.3.2　虫害及防治

6.3.2.1　蚧虫

常危害植株的枝叶,群集于枝、叶上吸取养分。高温、高湿、通风透光不良的环境是蚧虫盛发的适宜条件。

防治方法:注意改善通风透光条件;蚧虫自身的传播范围很小,做好检疫工作,不用带虫的材料,是最有效的防治措施;如果已发生虫害,可用竹签刮除蚧虫,或剪去受害部分,危害期喷洒敌敌畏1 200倍液。

6.3.2.2　凤蝶

幼虫在7~9月咬食叶片和茎。

防治方法:人工捕杀或用90%的敌百虫500~800倍液喷施。

6.3.2.3　蚜虫

蚜虫是一种体小而柔软的常见昆虫,常危害植株的顶梢、嫩叶,使植株生长不良。

防治方法:可用水或肥皂水冲洗叶片,或摘除受害部分;消灭越冬虫源,清除附近杂草,进行彻底清田;蚜虫危害期喷洒敌敌畏1 200倍液。

6.3.2.4　天牛

受害植株的输导组织受到破坏,使植株生长不良,危害严重者甚至死亡。

防治方法:人工扑杀成虫;树干涂白;用小棉团蘸敌敌畏乳油100倍液堵塞虫孔,毒杀幼虫。

6.3.2.5　皂荚豆象

成虫体长5.5~7.5 mm、宽1.5~3.5 mm,赤褐色,每年发生1

代,以幼虫在种子内越冬,来年 4 月中旬咬破种子钻出,等皂荚结荚后,产卵于荚果上,幼虫孵化后,钻入种子内为害。

防治方法:可用 90 ℃热水浸泡 20～30 s,或用药剂熏蒸,消灭种子内的幼虫。

6.3.2.6　皂荚食心虫

皂荚食心虫危害皂荚。以幼虫在果荚内或枝干皮缝内结茧越冬,每年发生 3 代,第 1 代 4 月上旬化蛹,5 月初成虫开始羽化。第 2 代成虫发生在 6 月中下旬,第 3 代在 7 月中下旬。

防治方法:秋后至翌春 3 月前,处理荚果,防止越冬幼虫化蛹成蛾,及时处理被害荚果,消灭幼虫。

6.3.3　营林预防措施

6.3.3.1　良种壮苗

选择品种优良、病虫害少的果实,从根本上提高皂荚林木的抗病虫害能力。荚果要长,以圆筒形的为好。籽粒要饱满,有光泽,每个荚果中的籽越大、越多,品质越佳,荚果有白霜,手感光滑。选苗应选择干形良好、顶芽饱满、色泽正常、根系发达的苗木,严格按规程规定的苗木等级标准进行分级,按规定数量打捆,进行假植,或放入苗木窖中浇水,以保证苗木活力。秋天起苗,要做好防鼠工作。

6.3.3.2　苗圃土壤消毒

苗圃土壤消毒,能增强皂荚苗抗病虫害能力。不同的药液防治病虫害有所区别。

(1)五氯硝基苯消毒。每平方米苗圃地用 75% 五氯硝基苯 4 kg、代森锌 5 kg,混合后,再与 12 kg 细土拌匀。播种时下垫上盖,防治苗木立枯病、炭疽病、猝倒病、菌核病等有特效。

（2）福尔马林消毒。每平方米苗圃用福尔马林 50 mL、加水 10 kg 均匀地喷洒在地表,然后用草袋或塑料薄膜覆盖,闷 10 d 左右揭掉覆盖物,使气体挥发,2 d 后可播种或扦插。防治立枯病、褐斑病、角斑病、炭疽病等效果很好。

（3）波尔多液消毒。每平方米苗圃地用等量波尔多液(硫酸铜、石灰、水的比例为 1:1:100)2.5 kg,加赛力散 10 kg 喷洒土壤,待土壤稍干后即可播种或扦插。能有效防治黑斑病、斑点病、灰霉病、锈病、褐斑病、炭疽病等。

（4）多菌灵消毒。多菌灵能防治多种真菌病害,对子囊菌和半知菌引起的病害防治效果好。土壤消毒用 50% 多菌灵可湿性粉剂,每平方米拌 1.5 kg,可防治根腐病、茎腐病、叶枯病、灰斑病等。也可按 1:20 的比例配制成毒土撒在苗床上,能有效防治苗期病害。

（5）硫酸亚铁消毒。用 3% 硫酸亚铁溶液处理土壤,每平方米用药液 0.5 kg,可防治苗枯病、缩叶病,兼治缺铁引起的病。

（6）代森铵消毒。用 50% 水溶代森铵 350 倍液,每平方米苗圃土壤浇灌 3 kg 稀释液,可防治黑斑病、霜霉病、白粉病、立枯病等多种病害。

6.3.3.3　整地

选好地块后要深耕耙平,做成苗床,苗床高 10 cm、宽 120 cm。做床前,每亩要用 5% 甲拌磷颗粒剂进行防虫处理,每亩用量为 1.5 kg;用 50% 多菌灵可湿性粉剂 1 kg 兑水 500 kg 喷洒土壤,进行灭菌。

6.3.3.4　灌根

一般在傍晚进行,温度过高时不宜灌根施肥。施用农家肥必须充分沤熟,以免烧苗,同时还可杀死肥中的病菌和害虫卵。根外追肥一般一周 1~2 次,以清晨进行为好。对某些微量元素,土壤施入往往无效,因此可多采用根外追肥的方式,也可将两种追肥方式配合进行。无论哪种方式,都应先淡后浓,一旦发现施肥过量,要尽快灌水冲淡。

6.3.3.5 加强苗期管理

皂荚苗生长较快,1 年生苗能长 80 ~ 130 cm,苗木生长期间注意浇水、中耕除草,适当间苗,保证苗木健壮生长,对防治病虫害是十分有效的。幼苗出土前,要加强防治蝼蛄等地下害虫。苗木 2 ~ 3 年后,应进行修枝,促进主干迅速生长,可防治介壳虫等危害。6 ~ 8 月苗木生长快,应根据天气和苗木生长状况,适时适量灌溉和追肥,促进苗木生长,防治蚜虫危害。

6.3.3.6 妥善储藏种子

果实收获后,将种子保存在干燥、通风的环境里,防虫、防鼠害、防潮防霉,种子在开春以后,更要防虫蛀,特别是荚果。

6.3.3.7 合理修剪,加强抚育管理

及时清除病虫危害的枯枝、落叶,减少病虫源,增强树体抗逆性。

6.3.3.8 混交套种

与松树混交可抑制松毛虫的发生。套种花生、黄豆、药材等矮秆经济植物,增加生物多样性。

6.3.4 综合防治措施

(1)加强检疫。严格执行国家规定的植物检疫制度,防止检疫性病害蔓延传播。

(2)保护和利用天敌。以有益生物控制有害生物,扩大以虫治虫、以菌治虫的应用范围,维持生态平衡。

(3)受害严重时,采用高效、广谱、低毒、低污染的合格化学农

药。对危害树木叶片的病害,可用20%的可湿性多菌灵粉剂2 000倍液喷雾防治;对危害树木叶片的虫害,可用40%的氧化乐果乳油1 000倍液进行喷雾防治;对危害树木枝干的虫害,可用棉球浸80%的敌敌畏乳油1 000倍液堵塞蛀干洞口,或在虫害部位斜向下45°钻孔,孔径6~8 mm,深6 cm,用树体杀虫剂直接插入,或将受害枝条剪下烧毁。对蛀干害虫宜用棉花或破布蘸敌敌畏液塞入虫孔内毒杀幼虫,或用上述药剂稀释数倍后,用注射器注入虫孔内,并用湿泥封堵虫孔,可收到很好的防治效果。

(4)物理防治。用黑光灯诱杀害虫。

(5)剪除病虫枝及枯枝等,减少和改善病虫害滋生的环境。从伤折处附近锯平或剪去切除已枯死的枝条。如果是轻伤枝、受冻害和风害的枝条,宜在死活界限分明处切除,切口要光滑,将伤口整理后,及时涂刷保护剂或接蜡,以便于愈合,萌发新梢。刮除大枝干出现的伤口或腐烂病等,发病初期,应及时用快刀刮除病部的树皮,深至木质部,最好刮到健康部位,刺激伤口早日愈合,刮后用毛刷均匀涂刷酒精或高锰酸钾液,也可涂刷碘酒杀菌消毒,然后涂蜡或涂保护剂,用毛刷蘸着涂抹伤口。捆扎绑吊被大风吹裂或折伤较轻的枝干,可把半劈裂枝条吊起或顶起,恢复原状,清理伤口杂物,用绳或铁丝捆紧或用木板套住捆扎,使裂口密合无缝,外面用塑料薄膜包严,半年后可解绑。

(6)及时处理苗木受伤伤口。苗木的生长过程中,磕磕碰碰是难免的,遇到受伤情况还是比较多的,对于受伤苗木的伤口需要及时处理。如果不及时处理,可能感染病菌。

第 7 章　皂荚刺药用成分的测定及其采收与储存

7.1　皂荚刺药用成分的测定

7.1.1　材料及试剂

试验材料为'豫皂 1 号'、'豫皂 2 号'、普通皂荚（CK）的皂荚刺,分别于 2016 年 8 月、9 月、10 月、11 月、12 月五个时期采自河南省博爱县,由国家林业局林产品检验检测中心（郑州）进行测定。总多酚的对照品为没食子酸,总黄酮的对照品为芦丁。

7.1.2　试验仪器

Waters 600 高效液相色谱仪,722N 型可见分光光度计,KQ - 500DE 型数控超声波清洗器,FA - 2004 型电子分析天平,JM - A20002 型电子天平,FZ102 微型植物粉碎机,101 型电热鼓风干燥箱。

7.1.3　试验方法

7.1.3.1　**总多酚测定**

1. 样品制备

称取 2.000 0 g 样品粉末,精密称量,加入 20 mL 80% 乙醇,采用超声辅助提取法提取 3 次,超声功率 500 W,每次提取 20 min,合并 3 次提取液,离心后浓缩,再用 80% 乙醇定容至 25 mL,取 2 mL 溶液稀释至 10 mL,得到供试品溶液。精密量取 1 mL 供试品溶液,加 4 mL 0.2% 蒽酮 - 硫酸,摇匀,室温下静置 5 min,于沸水浴中加热 15 min,冷却。

2. 最大吸收波长确定

分别取 0.5 mL 对照品溶液,加入 1.0 mL Folin - Ciocalteu(福林酚)试剂及 4.0 mL 质量分数为 16% 的 Na_2CO_3 溶液,用蒸馏水定容至 25 mL,常温避光反应 1 h 后,以试剂空白为对照,在 750 ~ 770 nm 范围内扫描确定 755 nm 为最大吸收波长。

3. 含量测定方法

采用紫外分光光度法,在最大吸收波长处测定吸收度,代入标准曲线。样品含量计算公式如下:

$$W = \frac{C \times 10 \times A}{m \times 1\,000}$$

式中:W 为试样中多酚含量,mg/g;C 为试样测定液中没食子酸浓度,mg/L;10 为定容体积;A 为稀释倍数(100);M 为试样质量。

计算结果保留三位有效数字。

7.1.3.2　总黄酮测定

1. 样品制备

取 2.000 0 g 样品药材粉末,精密称量,加 40 mL 的 50% 乙醇加热回流提取 1 h,将回流液过滤,将滤液转移至 50 mL 容量瓶中,加 50% 乙醇适量,摇匀稀释至刻度。取供试品溶液 1 mL,加入 5% 的 $NaNO_2$ 溶液 0.3 mL,摇匀后放置 6 min,加入 10% 的 $Al(NO_3)_3$ 溶液 0.3 mL,摇匀后放置 6 min,再加入 1 mol/L NaOH 溶液 4 mL,用

50%乙醇稀释至刻度,摇匀,静置 15 min。

2. 最大吸收波长确定

精密吸取芦丁对照品溶液 3 mL,至 10 mL 具塞试管中,加入 5%的 NaNO$_2$溶液 0.3 mL,摇匀后放置 6 min,加入 10% 的 Al(NO$_3$)$_3$溶液 0.3 mL,摇匀后放置 6 min,再加入 1 mol/L NaOH 溶液 4 mL,用 50%乙醇稀释至刻度,摇匀,静置 15 min。置于比色皿中,以试剂空白作为参比,采用分光光度法,在 200~900 nm 波长的范围内扫描,确定 510 nm 为最大吸收波长。

3. 含量测定

以第一份作为空白,于最大特征吸收波长处测定吸光度,代入标准曲线。样品含量计算公式如下:

$$W = \frac{C \times 10 \times A}{m \times 1\ 000}$$

式中:W 为试样中黄酮含量,mg/g;C 为试样测定液中芦丁浓度,mg/L;10 为定容体积;A 为稀释倍数(100);m 为试样质量。

7.1.3.3　槲皮素、刺囊酸测定

取皂荚刺样品 3.000 0 g 精密称量,加 100 mL 70%甲醇水加热回流 1 h,过滤,滤液挥发干,残渣加甲醇溶解,并转移至 5 mL 的量瓶中,加甲醇稀释至刻度,摇匀,过滤。分别精密吸取对照品溶液和供试品溶液各 10 μL,注入液相色谱仪,测定,以外标一点法计算。试样中槲皮素、刺囊酸的含量计算公式如下:

$$W = \frac{C \times V \times f}{m}$$

式中:W 为试样中槲皮素、刺囊酸的含量,μg/g;C 为试样测定液中槲皮素、刺囊酸的浓度,μg/mL;V 为定容体积;f 为稀释倍数;m 为称样量。

7.1.4　结果与分析

7.1.4.1　不同采集时间皂荚刺中槲皮素、刺囊酸含量分析

　　研究发现,槲皮素是已知最强抗癌剂之一,只要微量即可直接阻滞癌细胞增殖;槲皮素对大肠癌细胞 SW116 和肝癌细胞 SMMC7721 具有较强的抑制生长及杀伤作用,并可能运用于协助临床对肿瘤的治疗研究;同时研究还发现,槲皮素具有抗血小板聚集的作用,从而间接地起到保护心血管的作用等。从表 7-1 可以看出,3 个品种皂荚刺间的槲皮素含量差异显著。其中 CK 的槲皮素含量在 8 月、9 月之间变化不大,整个采集时间范围内呈逐渐升高趋势;'豫皂 1 号'和'豫皂 2 号'的槲皮素含量随着时间的推移整体呈升高趋势,且与 CK 差异显著。3 个品种皂荚刺的槲皮素含量均在 11 月出现最大值。

表 7-1　不同采集月份 3 个品种皂荚刺槲皮素、刺囊酸含量比较

（单位:μg/g）

采集月份	品种	槲皮素	刺囊酸
8 月	CK	79.42	38.21
	豫皂 1 号	138.15	40.25
	豫皂 2 号	110.48	42.78
9 月	CK	85.77	41.79
	豫皂 1 号	165.96	41.46
	豫皂 2 号	166.24	43.34
10 月	CK	107.68	42.20
	豫皂 1 号	148.17	47.22
	豫皂 2 号	185.07	48.30

续表 7-1

采集月份	品种	槲皮素	刺囊酸
	CK	147.70	43.81
11 月	豫皂 1 号	193.45	52.86
	豫皂 2 号	229.38	58.76
	CK	146.80	43.80
12 月	豫皂 1 号	191.35	50.37
	豫皂 2 号	213.86	55.38

研究发现,刺囊酸具有抗 HIV 活性和抗肿瘤活性等作用。由表 7-1 可知,3 个皂荚品种皂荚刺的刺囊酸含量皆随着时间的推移呈现出逐渐上升的趋势,说明刺囊酸含量与皂荚生长期有一定关系,10月后 3 个品种皂荚刺中刺囊酸含量急剧上升并且趋于稳定,在 11 月达到最大值,且'豫皂 1 号'和'豫皂 2 号'的刺囊酸含量显著高于CK。

7.1.4.2 不同采集时间皂荚刺中总多酚、总黄酮含量分析

黄酮类化合物普遍存在于植物体内,有调节生长、保护植物免受紫外线损伤的作用,且具有较高的抗氧化和清除自由基活性。黄酮类物质也是一种药用成分,可以抗癌、防癌,治疗心脑血管疾病,还可以降低血糖,增强非特异性免疫功能和体液免疫功能,以及具有抑制逆转录酶活性等广谱的药理活性,在药物资源上具有重要地位。3个品种皂荚刺的总黄酮含量在 5 个月间变化差异明显(见表 7-2),趋势一致,皆在 10 月、11 月显著升高。'豫皂 1 号'和'豫皂 2 号'的黄酮含量相近,都明显高于 CK,在 8 月为 5 个月的最低值,11 月达到最高值。

表 7-2　不同采集月份 3 个品种皂荚刺总多酚、总黄酮含量比较

（单位：mg/g）

采集月份	品种	总多酚	总黄酮
8 月	CK	7.81	11.23
	豫皂 1 号	11.89	22.98
	豫皂 2 号	11.04	21.28
9 月	CK	7.66	10.50
	豫皂 1 号	7.18	20.10
	豫皂 2 号	12.88	27.05
10 月	CK	11.35	20.11
	豫皂 1 号	14.35	30.15
	豫皂 2 号	15.53	33.52
11 月	CK	11.31	44.40
	豫皂 1 号	14.57	92.68
	豫皂 2 号	16.73	65.08
12 月	CK	11.09	43.28
	豫皂 1 号	14.57	91.43
	豫皂 2 号	16.52	63.37

　　多酚类化合物具有抗氧化、抗动脉硬化、抗变异以及抗癌、抗过敏、预防高血压、皮肤保健及美容等功能。从表 7-2 中可以看出，三个皂荚品种的总多酚含量随着采集月份的推移变化较小，但整体呈先逐渐升高后缓慢下降的趋势，11 月达到最高值。

　　通过对 3 个品种的皂荚刺所测定的槲皮素、刺囊酸、总多酚、总黄酮含量的总的比较，发现在 11 月各品种这 4 种成分含量均达到最

高值或接近最高值。

7.2　皂荚刺的采收及储存

7.2.1　采收时间

皂荚刺充分成熟,表现出品种固有的色泽,全树(全园)着色及成熟度基本一致,理化成分达到应有的标准时即可采收。一般褐变期早的品种可在 10 月中下旬采收。褐变期晚的品种在 11 月上旬落叶时采收。

7.2.2　采收方法

3～4 年生皂荚树采棘刺时,首先考虑树形的培养,留好骨干枝和枝组。一级骨干枝留 60～70 cm 短截,二级骨干枝留 40～50 cm 短截。其余枝条疏除。然后将主干、一二级骨干枝上棘刺与其余枝条上的棘刺用修枝剪分别采收,分别存放。剪棘刺时将棘刺从基部剪掉,注意不要带木质部,不要留刺撅。

5 年生以上皂荚树采棘刺时将主干、一二级骨干枝上棘刺与其余枝条上的棘刺用修枝剪分别采收,分别存放。剪棘刺时将棘刺从基部剪掉,注意不要带木质部,不要留刺撅。

7.2.3　分级储存

采收好的皂荚刺清除叶柄、枝条等杂质,按选货、通货进行分级包装。皂荚刺共分选货、通货 2 个类型 4 个级别。

通货:所采收的皂荚刺清除杂质后混在一起。

选 I 级:5 年生以上树及盛产期树主干和一、二级分枝上棘刺,为上品棘刺。

　　选Ⅱ级:3~4年生幼树主干及5年生以上树三级骨干枝上棘刺。

　　选Ⅲ级:1年生枝条上的棘刺。其形态和骨干枝上棘刺有差别,往往被误作赝品皂荚刺。

　　包装:分级好的棘刺分别放在通风的地方阴干至含水量小于18%时,用5层瓦楞纸箱或编织袋(2层)按标准重量装好,贴上标签,注明重量、级别、采收日期、生产单位。存放在通风良好的库房,存放时地面垫10~15 cm枕木。

7.2.4　采收前后注意事项

　　采收前30 d禁用农药,采收前20 d控制灌水。

7.3　小　结

　　研究表明,土壤、施肥、降水量等多种环境因素影响药材中有效成分的质量与含量,同理,本研究中所测定的几种化学物质含量也受外界环境的影响。因此,受到天气变化影响,不同月份之间的各化学物质含量变化规律无法进行明确的研究。但研究结果显示,槲皮素和刺囊酸的变化规律较为明显。槲皮素是一种天然的黄酮类化合物,具有扩张冠状动脉、降血脂、抗炎、抗过敏、抗糖尿病并发症等多种药理作用,研究表明其还具有预防多种癌症的功能。刺囊酸具有治疗胃肠道疾病和消炎杀菌作用。本研究中,在8月、9月、10月、11月、12月间,3个品种间槲皮素、刺囊酸、总多酚和总黄酮的含量变化趋势各异,但CK、'豫皂1号'、'豫皂2号'三个皂荚品种皆在11月份检出这两种化学物质含量的最大值,说明化学物质产量的累计导致,11 月为这两种化学物质的最佳采收提取时间。同时,这三个皂荚品种在 11 月皂荚刺正常采收期,4 种化学成分含量也基本同时达到最大值,说明 11 月下旬是皂荚刺的最佳采收期。

第 8 章　低质低效野皂荚嫁接改良关键技术

野皂荚在河南省太行山、伏牛山及黄土丘陵区等立地条件差的荒山荒地广泛分布,常与黄荆条、野酸枣、化香、黄栌、黄连木、槲栎等混生在一起,由于野皂荚根系发达,耐寒、耐旱、耐贫瘠,适应性强,可以生长在这些立地条件上。野皂荚的刺小,产量低,且药效差,药用价值低,一直以来被作为山林中杂灌被割刹。近年来,由于皂荚刺和种子用途被研究开发,其价值越来越被关注,皂荚的开发利用也受到重视,在河南省发展迅速。目前,河南太行山、伏牛山、黄土丘陵区等区域共有 73 万 hm^2 荒山、丘陵,生长有野皂荚的约 6 万 hm^2,如果将这类荒山、丘陵上生长的野皂荚改良嫁接后,加强抚育管理,可年增收入 50 亿元。同时,在平原区 53.7 万 hm^2 沙化土地,特别是 2.8 万 hm^2 宜林沙荒地,能推广栽植皂荚良种,将取得很好的经济效益和生态效益,对河南省荒山、丘陵、沙地治理,改善这些区域生态环境,巩固退耕还林成果,帮助农民脱贫致富将起到积极作用。

2013 年春,河南省林科院皂荚项目组在郑州黄河旅游区邙山黄土丘陵区、鹤壁市鹤山区、焦作市博爱县月山镇太行山区立地条件非常差的荒山上,利用当地野皂荚做砧木,接穗采用河南省林科院选育的皂荚优良乡土良种——'硕刺'皂荚和'密刺'皂荚,对当地野皂荚采用切接法进行嫁接,取得了很好的效果。在鹤山区姬家山乡的荒山上,嫁接'密刺'皂荚和'硕刺'皂荚,嫁接成活率均在 90% 以上;在博爱县月山镇荒山上,嫁接'密刺'皂荚和'硕刺'皂荚,嫁接成活率均达 85% 以上。截至 2015 年秋,各地嫁接后皂荚成活率和当年基本一样,长势良好。

8.1　野皂荚嫁接

8.1.1　品种选择

皂荚长期以来一直处于粗放管理状态,由于人为采伐利用和自生自灭过程,在我国境内现已找不到完整的天然群体,仅保留残次疏林、家系(丛、簇)或散生木,群体处于濒危状态。随着皂荚经济价值的提高,皂荚研究越来越受到专家、学者关注。中国林科院、南京野生植物研究所、河南省林科院等科研机构开展了大量皂荚研究,相继选育出了优良家系和品种。河南省林科院选育优良刺用皂荚良种'硕刺'皂荚和'密刺'皂荚,2012 年通过河南省林木品种审定委员会审定,并在河南推广示范,效益显著。根据河南省林科院对'硕刺'皂荚产刺量测定,在管理条件较好的示范林内,第 3 年产刺 1.0 kg,第 4 年产刺 1.5 kg,第 5 年产刺 1.8 kg,第 6 年产刺 2.0 kg,比河南当地普通皂荚增产 50%。

8.1.2　嫁接方法

嫁接一般采用切接和插皮接。切接是在早春树液开始流动、芽尚未萌动时,在离地面高度 10~20 cm,选择树干光滑处,用手锯截断,截面要光滑平整,剪去砧木上的小枝和刺,在断面皮层内略带木质部的地方垂直切下,深度略短于接穗的长斜面,宽度根据接穗切面大小而定,一般与接穗直径相等或略大。将'硕刺'皂荚母树一年生健壮枝条截成 3~4 cm 的接穗,带 1~2 芽为宜,把接穗削成两个斜面,长斜面2~3 cm,在其背面削成不足1 cm的小斜面,使接穗下面成扁楔形。把接穗大斜面向里,插入砧木切口,使接穗与砧木的形成层对准靠齐,如果不能两边都对齐,至少一边对齐。接好后用塑料布绑紧,包括接穗上部。嫁接后,及时除去砧木上的萌生枝,保证接穗正常的养分和水分供应,使接穗生长旺盛。

根据山西林科院韩丽君(2014)研究,砧木粗度在3.0 cm以内,接穗的生长与砧木粗度呈正相关,即砧木越粗,接穗生长量越大。大于3 cm时,接穗生长量无显著差异。砧木粗度对野皂荚嫁接成活率的影响不大,但砧木越粗,接穗的生长量越大。因此,在选取砧木时,要尽可能保留地径较粗、树势旺盛的野皂荚进行嫁接。

8.2　抚育管理

8.2.1　割灌

对荒山、荒坡不能全部深翻除去的灌木丛和野草及时割刹,防止由于杂灌生长过快,影响接穗的生长。同时割灌后可以很好地防止火灾。

割灌方式:

(1)全面割灌整地。在野皂荚天然灌木林地上(除保留选取做砧木的),全面割除灌木与杂草。

(2)带状割灌整地。在野皂荚天然灌木林地上,保留2 m宽不动,割除带宽2 m的灌木和杂草。

(3)局部割灌穴状整地。在坡度较陡、生境破碎、石砾较多等立地条件差,不适宜较大面积割除杂灌时,采用局部穴状割灌整地,可与修树盘结合进行。

调查发现,全面割灌与局部割灌、带状割灌的苗高、基部粗度差异显著,带状割灌和全面割灌的苗高、基部粗度差异不显著。全面割灌对原生植被破坏严重,减少了灌木与杂草的多样性,水土流失严重;带状割灌基本保持了原生地的物种多样性,水土流失较小。从投入成本来看,全面割灌整地为 9 000 元/hm²,带状割灌整地为 6 000元/hm²,局部割灌整地为 3 000 元/hm²,就生态效益、经济投入、苗木生长的综合比较,带状割灌整地为野皂荚灌木林地改造的最优模式。

8.2.2　修树盘

在嫁接皂荚的野皂荚根部周围,应将杂灌和野草深翻覆盖,若条件不允许,则应将树盘 80~100 cm 范围内深翻清理干净,保持皂荚周围的土地疏松透气,清理越冬的病菌和虫卵。同时,根据山坡地形,在地势较平坦的地方,修圆形树穴,在地势较陡的地方,修筑鱼鳞坑,以便在降雨时形成汇水坑,增加土壤墒情,促进皂荚生长。

8.2.3　施肥

嫁接后应立即浇水,没有灌溉条件的,要做好嫁接处的遮阴及保湿处理。接穗成活后,结合浇水或天然降雨机会,增施肥料,多次少量,每株苗施 0.25 kg 复合肥料。有条件的地方,可每株苗施 5~10kg 农家肥。

8.2.4　修剪整形

由于野皂荚嫁接'硕刺'皂荚两者生长速度不一致,起初砧木较粗,根系发达,嫁接后,'硕刺'皂荚生长速度较快,5~10 年后,粗度会超过砧木且越来越明显,形成"小脚"现象。同时,由于山坡上风速较大,易将树干折断,所以整形和修剪要根据生长情况,控制树势。既有利丰产,同时又注意树干安全。通常采用多主枝二层开心型或疏散分层型。

附　录

皂荚育苗技术规程

（LY/T 2435—2015）

1　范围

本标准规定了皂荚（*Gleditsia sinensis* Lam.）苗圃地选择与整地、播种育苗、嫁接育苗、苗期管理、苗木出圃等技术要求。

本标准适用于皂荚的播种苗和扦插苗的生产。

2　规范性引用文件

下列文件对于本文件的应用是必不可少的。凡是注日期的引用文件,仅注日期的版本适用于本文件。凡是不注日期的引用文件,其最新版本(包括所有的修改单)适用于本文件。

GB 7908　林木种子质量分级

GB 6000　主要造林树种苗木质量分级

GB/T 6001　育苗技术规程

3　苗圃地选择与整地

3.1　圃地选择

应选择交通方便、背风向阳、地势平坦、土层深厚、土质疏松肥沃、排水保水性能良好的地块。砂壤、壤土的棕壤、黄壤、褐土、潮土均可,pH 值 6.0~8.5,水源无污染。

3.2　整地做床

　　将充分腐熟的有机肥及复合肥均匀撒于地表,有机肥 2 000~3 000 kg/亩、复合肥 50 kg/亩,深耕 30 cm,耙平。苗床分为低床和高床。低床床面宽 100~120 cm,床埂高 25 cm;多雨低洼地区做高床,床面宽 100~120 cm,床高 20~25 cm,两侧步道宽 30 cm,床面平整细致。

4　播种育苗

4.1　种子质量

　　参照 GB 7908 林木种子质量分级执行。

4.2　催芽

　　2 月底至 3 月初,将干藏种子倒入浸种容器(缸、盆、桶等)内,用始温 80 ℃的热水浸种,边倒水边搅动,使其自然冷却,浸泡 24 h 换水一次,同时将吸涨的种子分离,未吸涨的种子再用 100 ℃的热水处理,吸涨的种子用两种方法催芽:一种是将吸涨的种子用清水冲洗后放在箩筐中,上盖草帘或湿布保湿,在 25 ℃环境下催芽。催芽过程中每天翻动一次,并用 20~30 ℃的温水淋洗种子 1~2 次。另一种方法是在背风向阳处挖一催芽坑,坑深 20~30 cm,宽 60~80 cm,坑长视种子数量而定。先在坑底铺一层 5 cm 的湿沙,沙子湿度以手握成团触碰即散为宜,再将吸涨种子与湿沙按体积比 1∶3 混合均匀,然后将种沙混合物放入,厚度不超过 20 cm,上盖塑料薄膜保温保湿,每天检查温、湿度,并将种子上下翻动一次,使种子均匀受热发芽整齐。保持种沙适宜湿度,种沙干时及时喷水、翻匀。有三分之一种子露白时即可播种。当种子量比较大时采用该方法。

4.3 播种

4.3.1 播种时期

春播。春播应在春季地温达到 10 ℃以上时播种,南方一般在 3 月上、中旬,北方一般在 3 月中、下旬。

4.3.2 播种量

播种量 15~20 kg/亩。

4.3.3 播种方法

播种前对土壤进行消毒和杀虫处理,常用药剂硫酸亚铁和辛硫磷,具体方法参见附录 A。播种前 5~6 d 把苗床先灌足底水,待表面阴干,墒情适宜时,即可播种。条播,行距 30 cm,沟深 8~10 cm,播种间距 5~6 cm,覆土厚度 3~4 cm,覆土后搂平且略加镇压,播后覆盖地膜。如果墒情不适宜,要浇溜沟水。

4.3.4 播种后的管理

采用条播的幼苗高生长到 10 cm 时应分批及时间苗、定苗,株距 10~15 cm,缺苗断垄严重处移密补稀,留苗 1.0 万~1.5 万株/亩。当年苗高可达 80~150 cm。

5 嫁接育苗

5.1 砧木

选择发育良好、生长健壮的一年生或二年生播种苗作砧木。

5.2 接穗

5.2.1 枝接穗条采集、储藏与处理

枝接穗条可在冬季至翌年春季发芽前采集。从皂荚采穗母株上剪取直径为 0.5~0.8 cm 的一年生发育饱满枝条,剪体枝刺,沙藏于 0~5 ℃的环境中,沙子含水量应为饱和含水量的 60%,嫁接前,将冬

季贮藏的或春季现采的穗条,剪成 8~10 cm 的接穗,每段保留 3~4 个芽,进行全接穗水浴蜡封。石蜡温度在 70~90 ℃,以所封蜡黏合牢固,触碰不易碎即可。

5.2.2　芽接穗条采集、储藏与处理

芽接穗条应选择生长健壮、芽子饱满的当年生枝条,最好随采随接。采下的穗条要立即剪去叶片,以减少水分蒸发。当天用不完的穗条,应在阴凉处立放在盛有少量清水的桶内并用湿巾覆盖以利保湿。有条件的可以存放在恒温库内,随用随取,从采穗到嫁接不超过 5 d,否则影响成活率。

5.3　嫁接

5.3.1　嫁接时间

春季嫁接时间在 4 月初至 5 月上旬,其中劈接在 4 月上旬至中旬进行,插皮接在 4 月下旬至 5 月上旬进行。夏季嫁接在 7~8 月进行。

5.3.2　嫁接方法

分为枝接和芽接,枝接又分为劈接、双舌接、插皮接,砧木较细时用劈接或双舌接,砧木粗且离皮时用插皮接,芽接常用"T"形芽接法。不管哪种嫁接方法,都要用优质塑料薄膜绑紧、绑严。

5.4　嫁接后管理

枝接苗,对砧木萌芽要及时抹除,一般抹除 3 次以上,接穗的萌芽选留一个壮芽,其余摘除。芽接苗,夏季芽接后 10 d 左右应及时检查接芽成活情况,接芽已成活的苗木应及时去除绑缚物并剪砧。

6　苗期管理

6.1　松土除草

生长季节根据苗圃地杂草情况及时采用人工方法清除杂草,下

雨后或灌溉后要及时划锄松土。

6.2　追肥

6~8 月每隔一个月追肥 1 次,连续 2~3 次,前两次各追施尿素 10~15 kg/亩,第三次追施复合肥 15~20 kg/亩。

6.3　水分管理

当土壤明显缺水或苗木中午出现轻度萎蔫状态后,及时灌溉,灌溉要在早晨、傍晚或阴天进行。土壤封冻前浇一次越冬水。梅雨季节,特别要做好清沟排水工作,雨后及时排涝。

6.4　有害生物防治

虫害主要有蚜虫、蛴螬、蝼蛄、地老虎等。常用药剂及使用方法参见附录 B。

7　苗木出圃

7.1　苗木分级

皂荚苗木质量等级见表 1。

表 1　皂荚苗木质量等级表

种类	苗龄	I 级苗				II 级苗				适用地区
		地径（cm）>	苗高（cm）>	根系		地径（cm）>	苗高（cm）>	根系		
				长度（cm）>	>5 cm 长 I 级侧根数			长度（cm）>	>5 cm 长 I 级侧根数	
播种苗	1-0	1.0	120	20	5	0.6~1.0	80~120	15	5	华北
		0.6	80	20	5	0.4~0.6	40~80	15	5	东北、西北
移植苗	1-1	2.0	200	25	10	1.0~2.0	150~200	25	10	

7.2　苗木检验

参照 GB 6000 执行。

7.3　包装、运输、假值

参照 GB/T 6001 执行。

8　苗圃技术档案

8.1　档案建立

按照本标准提出的各项技术指施,要在执行中及时建立相应的育苗技术档案。主要内容包括:种源,播种或扦插时间,移苗时间、次数,苗木规格,出圃时间、数量,苗木的生长发育情况及各阶段采取的技术措施;各项作业实际用工量和肥料、物料的使用情况等。由苗圃技术负责人审查后存档。

8.2　档案管理

指定专人管理,并及时归档、整理、装订、保存。

附录 A

（资料性附录）

土壤处理常用药剂及使用方法

表 A.1　土壤处理常用药剂及使用方法

名称	使用方法	备注
硫酸亚铁	每平方米 3% 的水溶液 4 ~ 5 kg，于播种前 7 d 均匀浇在土壤中	对丝核菌和腐霉菌引起的立枯病有效；增加土壤酸度；供给苗木可溶性铁盐并有杀菌作用
丁硫克百威	每亩用 0.5 ~ 2 kg 混拌适量细土制成毒土，撒入土壤中	对防治由土壤传播的线虫、地下害虫等有特效
辛硫酸	5% 辛硫磷颗粒 35 ~ 45 kg/hm² 处理土壤。50% 乳油 3.5 ~ 4.5 kg/hm² 加水 10 倍喷于 25 ~ 30 kg 细土上制成毒土撒入土壤中	对各种地下害虫有效
甲基异柳磷	3% 甲基异柳磷颗粒 35 ~ 45 kg/hm² 均匀撒入土中	对各种地下害虫有效
吡唑硫磷	99% 的吡唑硫磷土壤处理，0.5 ~ 1.25 kg/hm²	对各种地下害虫有效

附录 B

（资料性附录）

病虫害防治常用药剂及使用方法

表 B.1　病虫害防治常用药剂及使用方法

名称	防治对象	使用方法
辛硫磷	蝼蛄、蛴螬、地老虎等地下害虫	50%乳油 0.5 kg 拌入 50 kg 饵料中，傍晚均匀撒于苗床上，50%乳油 1 000 倍液浇在苗木根际处或浇灌苗床
毒死蜱	蛴螬、蝼蛄、地老虎等地下害虫	5%颗粒剂处理土壤
50%多菌灵+利克菌	根腐病	两者按 1∶1 混配成 200 倍液浸苗 5 min，晾 2 h 后移栽
代森锌+新高脂膜	白粉病、炭疽病、灰霉病、黑斑病、褐斑病	65%可湿性粉剂 400~600 倍液，每隔 7~10 d 喷 1 次，连续喷 3~5 次即可起到防治效果
三唑酮+多菌灵	白粉病、炭疽病、灰霉病、黑斑病、褐斑病	发病初期喷三唑酮+50%多菌灵 500~800 倍液
百菌清	白粉病、炭疽病、黑斑病、褐斑病	发病初期喷 75%百菌清 600~800 倍液
代森锰锌	灰霉病	发病初期喷 50%代森锰锌 500 倍液
溴氰菊酯	蚜虫、扁刺蛾、绿刺蛾	20.5%乳油 50 mL 加水 100~150 kg 喷雾
吡虫啉	蚜虫、扁刺蛾、绿刺蛾	10%可湿性粉剂 50 g 加水 100~150 kg 喷雾

皂荚栽培技术规程

（LY/T 2758—2016）

1 范围

本标准规定了皂荚（*Gleditsia sinensis*）的栽植地环境条件、整地、苗木选择、栽植、土肥水管理、整形修剪、病虫害防治、采收。

本标准适用于皂荚栽培。

2 规范性引用文件

下列文件对于本文件的应用是必不可少的，凡是注日期的引用文件，仅注日期的版本适用于本文件，凡是不注日期的引用文件，其最新版本（包括所有的修改单）适用于本文件。

GB 3095 环境空气质量标准

GB 4285 农药安全使用标准

GB 5084 农田灌溉水质标准

GB 6000 主要造林树种苗木质量分级

GB/T 8321（所有部分） 农药合理使用准则

GB 15618 土壤环境质量标准

GB/T 15776 造林技术规程

LY/T 2435 皂荚育苗技术规程

3 栽植地环境条件

适宜皂荚栽培的环境条件：年平均气温 10~20 ℃，极端最低温度不低于-20 ℃，无霜期 180 d 以上，年降雨量 300~1 000 mm，年日照时数 2 400 h 以上，土层深厚、肥沃，pH 值 5.5~8.5 的沙壤土或壤土。山地、丘陵地选择坡度不大于 20°的阳坡或半阳坡。平地、沙滩选择不易积水的地方。

食用、药用皂荚栽培地区空气质量符合 GB 3095 的规定,土壤质量符合 GB 15618 的规定,灌溉水质量符合 GB 5084 的规定。

4　整地

整地规格、质量符合 GB/T 15776 要求。以局部整地为主。

1 年生苗木穴状整地规格为穴径、深各为 40~60 cm;"四旁"地、行道树、零星栽培的大规格苗木整地规格为长、宽、深各为 60~120 cm。

5　苗木选择

皂荚栽培应根据培育目的不同选用优良的品种、类型,多采用播种苗,也可采用嫁接苗、扦插苗。苗木质量要求参照 GB 6000 和 LY/T 2435,选用 Ⅰ、Ⅱ 级苗木进行栽植。栽植前应保持根系完整,苗木新鲜,不伤根皮,无病虫害。

胸径大于 4 cm 的苗木带土球栽植,土球直径为胸径的 8~10 倍。

6　栽植

6.1　栽培模式和种植密度

皂荚栽植密度应根据经营目的、栽植模式、立地条件和经营水平等确定。初植密度大的,在林分郁闭后,进行定株抚育,留优去劣,去密留稀,确保林内通风透光。

皂荚主要栽植模式和种植密度参见附录 A。

6.2　栽植时间

秋季落叶后至翌年春季萌芽前均可栽植,以秋冬季栽植为好,冬天严寒干燥的地区以春季土壤解冻后栽植为宜。

6.3 栽植方法

栽植前,在树穴底部施基肥,每穴施腐熟厩肥 5~10 kg 或饼肥 1.5~2.0 kg,与表土混拌回填后进行栽植。不能及时栽植的苗木应选择背风庇荫、排水良好的地方进行假值。

栽植时采用截干、蘸泥浆、生根粉蘸根、应用保水剂、地膜覆盖等技术,可提高栽植成活率。

裸根苗木栽植边填土边轻轻往上提苗、踏实,使根系与土壤密接,栽植深度以土壤沉实后超过该苗木原入土深度 1~2 cm 为宜,栽植后及时浇透定植水。

带土球苗木栽植在放苗前使土球高度与栽植穴深度一致;放苗时保持土球上表面与地面相平略高,位置要合适,苗木竖直;边填土边夯实,不能破碎土球;最后做好树盘,浇透水,2~3 d 再一次浇水后封土。

7 土、肥、水管理

7.1 土壤管理

7.1.1 松土除草

栽植后 1~3 年,每年进行 3~5 次松土除草,松土、除草、浇水、培土相结合。清除的杂草和绿肥等可覆盖树盘,厚度 15~20 cm,上压少量细土。

7.1.2 间作套种

不宜间种高秆作物,以花生、豆类较为适宜。也可选用桔梗、丹参、牡丹、生地、黄芩、柴胡、板蓝根、白术等药用植物或绿肥植物。作物与皂荚间应保持 50 cm 距离。

7.2 施肥

肥料种类、施肥量与氮、磷、钾比例应结合各地具体情况确定,基肥以腐熟的农家肥为主,每亩施 2 000~3 000 kg。适当加入速效肥。

追肥时 1~3 年树龄每年追施复合肥 0.3~1 kg/株,一年两次,第一次在 3 月中旬,第二次在 6 月上中旬,离幼树 30 cm 处沟施。4~6 年树龄每年追施复合肥 1~2 kg/株,沿幼树树冠投影线沟施或穴施。6 年以后,施肥量逐年适量增加。

氮磷钾的配合比例,未采刺树以(1∶1∶1)~(1∶2∶2)为宜,采刺幼树以(1∶2∶3)为宜。

7.3　灌溉与排水

适时灌溉,一般幼龄树每年灌水 2~3 次,成年树 1~2 次。

雨水多的地区或降雨多的季节应注意及时排水,防止涝害。

8　整形修剪

8.1　整形

8.1.1　自然树形

多用于普通林分、观赏树、采果树。

8.1.2　高干树形

多用于采果树、采刺树。主干高 150~200 cm,主干上均匀保留 3~4 个主枝,主枝长 50~80 cm,每个主枝上再选留 3 个左右侧枝。

8.1.3　中干树形

多用于采刺树。主干高 100~150 cm,主干上均匀保留 3~5 个主枝。

8.1.4　低干树形

多用于采刺树。主干高 50~100 cm,主干上均匀保留 5~7 个主枝。

8.1.5　丛状树形

多用于采刺树,每年平茬,利用当年新枝生产大量皂荚刺。平茬后保留多个主枝,在主枝上培育适宜数量侧枝。

8.2　修剪技术

8.2.1　幼树期修剪

前三年培养良好的干形,及时抹芽修枝,促进主干生长,剪除过密枝、重叠枝、交叉枝、病虫枝,培养合理的树体结构。

8.2.2　成年期修剪

根据皂荚的生长结果习性,宜疏剪不宜短截,对直立生长枝应开角拉枝,对老枝、衰弱枝采取回缩、更新等技术措施。

9　病虫害防治

9.1　防治原则

以预防为主、综合防治为原则。使用农业防治、物理防治和生物防治方法,科学使用化学防治方法,严格控制有害生物。所使用的农药应符合 GB 4285 和 GB/T 8321 的规定。

9.2　主要病虫害防治方法

主要病虫害及其防治参见附录 B。

10　采收

10.1　种实采收

皂荚由绿色变为暗紫色或黑棕色后(10～11 月)采收。采收的果实晒干,装袋干藏。

10.2　皂刺采收

落叶后至翌年春萌芽前采收,晒干,或趁鲜切片、干燥。

附录 A

（资料性附录）

皂荚主要栽植模式和种植密度

表 A.1 给出了皂荚主要栽植模式和种植密度。

表 A.1　皂荚主要栽植模式和种植密度

栽植模式	初植株行距（m）	定植株数（株/亩）
防护林	2×2、2×3	100~160
用材林	2×3、3×3、3×4	50~110
风景林	（2~4）×（3~5）	40~110
采果林	（2~4）×（3~5）	33~110
采刺林	密植 2×2、2×1.5	160~220
	超密 2×1、1.5×1、1×1	300~667
	宽窄行密植时株距 1~1.5，窄行距 1.5,宽行距 3.0	240~330
育苗兼顾采刺模式	（0.5~0.8）×1	
零星栽植	2~5	

附录 B

（资料性附录）

皂荚主要病虫害防治方法

B.1 皂荚主要虫害防治方法

表 B.1 给出了皂荚主要虫害防治方法。

表 B.1 皂荚主要虫害防治方法

主要虫害	危害特点	防治办法
皂荚豆象 *Bruchidius dorsalis*	成虫体长 5.5~7.5 mm，宽 1.5~3.5 mm，赤褐色，每年发生 1 代，以幼虫在种子内越冬，来年 4 月中旬咬破种子钻出，等皂荚结荚后，产卵于荚果上，幼虫孵化后，钻入种子内危害	清灭种子内的幼虫，用 90 ℃热水浸泡 20~30 s，或用磷化铝按每 1 000 kg 种子，用药量 3 g，密闭熏蒸 3~5 d。林内喷洒敌敌畏 1 500 倍液或 50%磷胺乳油 1 000 倍液毒杀成虫，50% 杀螟松乳油 500 倍液毒杀幼虫和卵
皂荚食心虫 *Pyralidae*	以幼虫在荚果内或枝干皮缝内结茧越冬，每年发生 3 代，第 1 代 4 月上旬化蛹，5 月初成虫开始羽化，第 2 代成虫发生在 6 月中下旬，第 3 代在 7 月中下旬	秋后至翌春 3 月前，处理荚果，防止越冬幼虫化蛹成蛾，及时处理被害荚果，消灭幼虫
蚜虫 *Aphididae*	常危害植株的顶梢、嫩叶，使植株生长不良	用 10%吡虫啉可湿性粉剂 300 倍液喷施；消灭越冬虫源，清除附近杂草，进行彻底清田
凤蝶 *Papilio xuthus*	幼虫在 7~9 月咬食叶片和茎	人工捕杀或用 90%的敌百虫 500~800 倍液喷施

续表 B.1

主要虫害	危害特点	防治办法
蚧虫 *Coccidae*	常危害植株的枝叶,群集于枝叶上吸取养分。高温、高湿、通风透光不良的环境是蚧虫盛发的适宜条件	通过间伐、整枝等措施改善通风透光条件;不用带虫的材料,做好检疫工作;发生虫害时,用竹签刮除蚧虫,或剪去受害部分
天牛 *Cerambycidae*	受害植株的输导组织受到破坏,使植株生长不良,危害严重者甚至死亡	人工扑杀成虫;树干涂白;清除蛀道虫粪后,用注时器将菊酯类药 3 000 倍液注入蛀道内或棉球浸上药液,用镊子或钢丝将药球推入孔洞,或放入 1/4 片磷化铝,然后用泥封住虫口,进行药杀;在天牛幼虫期或蛹期释放肿腿蜂、花绒寄甲等天敌昆虫

B.2 皂荚主要病害防治方法

表 B.2 给出了皂荚主要病害防治方法

表 B.2 皂荚主要病害防治方法

主要虫害	危害特点	防治办法
炭疽病 *Colletotrichum* sp.	叶片上病斑圆形或近圆形,灰白色至灰褐色,具红褐色边缘,其上生有小黑点。后期病斑破碎形成穿孔。病斑可连接成不规则形。发病严重时能引起叶枯。茎、叶柄和花梗感病形成长条形病斑。秋季生长在潮湿地段上的植株发病严重	加强管理,保持良好的透光通风条件;将病株残体彻底清除并集中销毁,减少侵染源;发病初期喷施 1∶1∶100 波尔多液,或 65% 代森锌可湿性粉剂 600~800 倍液

续表 B.2

主要虫害	危害特点	防治办法
立枯病 *Rhizoctonia solani*	幼苗感染后根茎都变褐枯死,成年植株受害后,从下部开始变黄,然后整株枯黄以致死亡	轮作,防止土壤传播,增施磷酸二氢钾,健壮幼苗,增强抗病力;播种前,种子用多菌灵 800 倍液杀菌;出苗后喷 50% 多菌灵溶液 1 000倍液 2~3 次,保护幼菌;发病后及时拔除病株,病区用石灰乳消毒处理
白粉病 *Erysiphales* sp.	发病初期,叶片上出现白色小粉斑,扩大后呈圆形或不规则形褪色斑块,上面覆盖一层白色粉状霉层,后期白粉状霉层会变为灰色。花受害后,表面被覆白粉层。受白粉病侵害的植株会变得矮小,嫩叶扭曲、畸形、枯萎,叶片不开展、变小,严重时整个植株都会死亡	选用抗病品种,增施磷酸二氢钾,控制氮肥的施用量,提高植株的抗病性;冬季剪除重病植株上所有当年生枝条并集中烧毁;在发病严重的地区,春季萌芽前喷洒波美 3°Bé~4°Bé 石硫合剂,生长季节发病时可喷洒 80%代森锌可湿性粉剂 500 倍液,或 70%甲基托布津 1 000 倍液,或 20%粉锈宁(即三唑酮)乳油 1 500 倍液,以及 50%多菌灵可湿性粉剂 800 倍液

续表 B.2

主要虫害	危害特点	防治办法
褐斑病 *Rhizoctonia* sp.	发病初期病斑为大小不一的圆形或近圆形,少许呈不规则形;病斑为紫黑色至黑色,边缘颜色较淡。随后病斑颜色加深,呈现黑色或暗黑色。后期病斑中心颜色转淡,并着生灰黑色小霉点。发病严重时,病斑连接成片,整个叶片迅速变黄,并提前脱落。褐斑病一般初夏开始发生,秋季危害严重。在高温多雨,尤其是暴风雨频繁的年份或季节易爆发;通常下层叶片比上层叶片易感染	及时清除病枝、病叶,并集中烧毁,减少病菌来源,整形修剪,通风透光,发病初期,可喷洒 50% 多菌灵可湿性粉剂 500 倍液,或 65% 代森锌可湿性粉剂 1 000 倍液,或 75% 百菌清可湿性粉剂 800 倍液
煤污病 *Meliolales* sp.	主要侵害叶片和枝条,病害先是在叶片正面沿主脉产生,后逐渐覆盖整个叶面,严重时叶片表面、枝条甚至叶柄上都会布满黑色煤粉状物,这些黑色粉状物会阻塞叶片气孔,妨碍正常的光合作用	加强栽培管理,合理安排种植密度,及时修剪病枝和多余枝条,通风透光,对上年发病较为严重的田块,春季萌芽前喷洒波美 3° Bé ~ 5° Bé 的石硫合剂,消灭越冬病面,生长期遭受煤污病侵害的植株,喷洒 70% 甲基托布津可湿性粉剂 1 000 倍液,或 50% 多菌灵可湿性粉剂 1 000 倍液以及 77% 可杀得可湿性粉剂 600 倍液

参 考 文 献

[1] 中国科学院中国植物志编辑委员会.中国植物志[M].北京:科学出版社,2004.

[2] 刘元本,刘玉萃.河南森林[M].北京:中国林业出版社,2000.

[3] 顾万春,孙翠玲,兰彦平.世界皂荚(属)的研究与开发利用[J].林业科学,2003,39(4):127-133.

[4] 兰彦平,周连第,李淑英,等.皂荚(属)研究进展及产业化发展前景[J].世界林业研究,2004(6):17-21.

[5] 杨海东.皂荚的多种功效及其绿化应用[J].贵州农业科学,2003,31(4):73-74.

[6] 邵则夏,陆斌,杨卫明,等.多功能树种滇皂荚及开发利用[J].中国野生植物资源,2002,21(3):33-34.

[7] 蒋建新,张卫明,朱莉伟,等.我国皂荚资源的化学利用[J].中国野生植物资源,2003,22(6):9-11.

[8] 蒋建新,朱莉伟,徐嘉生.野皂荚豆胶的研究[J].林产化学与工业,2000,20(4):59-62.

[9] 梁静谊.皂荚荚果化学组成及皂甙提取工艺的研究[D].南京:南京林业大学,2004.

[10] 郝向春,韩丽君,王志红.皂荚研究进展及应用[J].安徽农业科学,2012(10):5989-5991.

[11] 姚永胜,马秀琴.银川地区皂角引种及造林试验[J].宁夏农林科技,1998,(6):34-35.

[12] 沈熙环.林木育种学[M].北京:中国林业出版社,2002.

[13] 范定臣,董建伟,骆玉平.皂荚良种选育研究[J].河南林业科技,2013(4):

1-4.

[14] 董振成,谢洪云.特种用途皂荚优良无性系选择研究[J].山东林业科技,2006(3):325.

[15] 顾万春,李斌.皂荚优良产地和优良种质推荐[J].林业科技通讯,2001,(4):10-13.

[16] 郝向春,韩丽君,于文珍,等.果刺两用皂荚优良无性系选育研究[J].山西林业科技,2014(4):1-4.

[17] 张凤娟,徐兴友.皂荚种子体眠解除及促进发芽[J].福建林学院学报,2004,24(2):175-178.

[18] 骆玉平,刘淑玲,底明晓,等.皂荚种子催芽技术试验研究[J].河南林业科技,2014,34(3):19-21.

[19] 郭立民.皂荚的繁育栽培技术及用途[J].山西林业科技,2008,40(3):51-52.

[20] 李艳目.皂荚树的利用价值与栽培技术[J].现代农业科技,2008(13):85-86.

[21] 沈瑞.皂荚育苗关键技术[J].四川农业科技,2008(9):38-39.

[22] 牛金伟,程晓娜,王晓丽.皂荚优质丰产栽培技术[J].现代农业科技,2009(16):167.

[23] 王照平.河南适生树种栽培技术[M].郑州:黄河水利出版社,2009.

[24] 何方,胡芳名.经济林栽培学[M].2版.北京:中国林业出版社,2004.

[25] 姚方,吴国新,司守霞,等.规模化培育皂荚前景及技术措施研究[J].经济研究导刊,2013(27):226-227.

[26] 林晓安,裴海潮,等.河南林业有害生物防治技术[M].郑州:黄河水利出版社,2005.

[27] 姚方,吴国新,任叔辉,等.皂荚主要病虫害及综合防治[J].绿色科技,2013(8):172-174.

[28] 邵金良,袁唯.皂荚的功能作用及其研究进展[J].食品研究与开发,2005

(2):48-51.

[29] 李建军,尚星晨,任美玲,等.皂荚实生苗与嫁接苗皂刺单株质量及药用成分含量比较[J].河南农业科学,2017,46(8):107-110.

[30] 邢俊连,孟艳琼,林富荣,等.皂荚 EST—SSR 分子标记开发与分析评价[J].植物遗传资源学报,2017,18(1):149-155.

[31] 云天海,郑道君,谢良商,等.中国南瓜海南农家品种间的遗传特异性分析和 NDA 指纹图谱构件[J].植物遗传资源学报,2013,14(4):679-685.

[32] 乔利仙,翁曼丽,孔凡娜,等.RSAP 标记技术在紫菜遗传多样性检测及种质鉴定中的应用[J].中国海洋大学学报,2007,37(6):951-956.

[33] 刘泽发,孙小武,董亚静,等.SRAP/RSAP 标记鉴定印度南瓜种子纯度的方法[J].西北农业学报,2011,20(4):124-128.

[34] 范定臣,张安世,刘莹,等. 皂荚种质资源 RSAP 遗传多样性分析及指纹图谱的构建[J]. 河南农业科学,2017,46(11):103-107.

[35] 连俊强,张桂萍,张贵平,等. 太行山南端野皂荚群落物种多样性[J].山地学报,2008,26(5):620-626.

[36] 张东斌,李红伟,范定臣.野皂荚嫁接改良技术[J].河南林业科技,2015(5):52-53.

[37] 胡国珠,武来成,谢双喜,等.不同岩性土壤对皂荚幼树生长及生物量的影响[J].南京林业大学学报(自然科学版),2003,32(3):35-38.

[38] 韩丽君.野皂荚嫁接皂荚技术研究[J].山西林业科技,2014,43(4):7-9.

'密刺'皂荚母株与棘刺

'硕刺'皂荚母株与棘刺

'密刺'和'硕刺'皂荚示范林

'豫皂1号'母树

'豫皂1号'嫁接植株局部结刺及试验林

'豫皂 2 号'母树

'豫皂2号'嫁接植株局部结刺及试验林

'豫林1号'母树

'豫林 1 号'嫁接植株局部结果及试验林

'豫皂1号'植物新品种保护权专家实地审查

林木良种'豫皂2号'的专家现场查定

皂荚硬枝扦插及生根情况

皂荚嫩枝扦插

皂荚劈接及嫁接成活率和生长量调查

皂荚芽苗嫩枝嫁接及成活情况